Juan Rossi, un paseo por las lonjas de Barbate

Recopilado y escrito por José María Rossi Rodríguez

Dibujos: Manuel Rossi Rodríguez

© José María Rossi Rodríguez

Juan Rossi, un paseo por las lonjas de Barbate

ISBN Libro en papel: 978-84-685-9425-5

ISBN eBook en PDF: 978-84-685-9426-2

Impreso en España

Editado por Bubok Publishing S.L

Barbate atún y chocolate
y un poco de levante para volar....
Barbate atún y piñonate
y un poco de poniente para enfriar...

(Letra extraída de Atún y Chocolate de Nono
García)

A todos los trabajadores de la lonja de Barbate

Agradecimientos

A mi madre, por su paciencia.

A Leo y Kiki por haber soportado tantas llamadas telefónicas y a Juanma por haber sido el enlace informático.

A mis tías Isabel la *Tata*, María y Lola Rossi Ponce; a mi tío Paco Rossi Ponce y Antonia; a mi primo Antonio Rossi; a mi tío Frasquito y *la Melliza;* a mi tía-prima Carmen Pérez Rodríguez y Juan José Ramírez; a Pepita Callado; a Paqui Pacheco, y a Gregorio del bar Rajamanta, a todos por haber cedido fotos de su álbum familiar.

A Fernando Rivera Román y Juan Manuel Daza Bernal, por haber cedido cuantas imágenes he necesitado del libro Barbate, imágenes de ayer, volumen I y II.

A mi tío Manuel Rossi Ponce, a Paca *la Gabina*, a Margarita *la Camiona*, y a Andrés Rosado por haber aportado claridad, más información y detalles a las historias.

A Paco Malia y Antonio Aragón por la documentación histórica, y el apoyo e interés que despertaron nada más conocer el proyecto.

Y a Ana por su colaboración para que este libro llegara a buen puerto de la mejor manera posible.

Prólogo

Mar, viento, pinar y arena

Cuando Juan Rossi inicia su nueva vida laboral en el saladero de Ambrosio Dávila, nacía yo en la calle Padre Coloma, cerca de la cuesta de Emilita Luna, en donde 25 años antes tuvo Juan su primera casa. Han pasado unos 30 años de la vida de Juan cuando comienzo a tener conciencia del espacio en donde habito. Son los primeros años de la década de los 60, Barbate y parte del paisaje en donde se desenvuelve la vida de Juan Rossi se conservan aún intactos, por eso algunas cosas contadas en su libro las he vivido muy de cerca, como la pesca de la jábega en la playa virgen o el trajín de camiones por la Lonja Vieja, observada por un niño de cinco años que acudía a la escuela de Orientación Marítima Nº 1 de don José Graña. Sin embargo, la mayoría de las vivencias contadas por Juan las he conocido y disfrutado ahora, leyendo este entretenido y valioso relato bibliográfico de Juan Rossi y del entorno en el que le tocó vivir.

La vida de Juan me ha evocado muchos recuerdos y sensaciones, una de ellas es la historia de mi padre, Paco *el Panadero*, muerto el año pasado a los 81 años, porque refleja al hombre que desde muy pequeño tiene que trabajar mucho y duro para llevar algo de dinero a la casa de sus padres y más tarde mantener a su propia familia. También porque me hubiera gustado hacer con él lo que José Mari Rossi ha hecho con su padre: ayudarle a escribir aquellos episodios de su vida.

Este libro nos traslada a una época difícil y entrañable, al mismo tiempo, en la vida de los barbateños, donde la miseria y la pobreza campaban a sus anchas junto con el

gozo por vivir y la solidaridad entre la familia, amigos y vecinos. Había que buscarse la vida en lo que fuese y como fuese, desde jalar las jábegas o las embarcaciones en el tercio, de ayudante de proyección en el Cine Malia, en la pesca, cogiendo piñas y desgranándolas, en las caleras y canteras, en las fábricas de conservas... Estos fueron algunos de los trabajos que tuvo que realizar Juan Rossi antes de desembocar en su verdadero oficio como lavador de los saladeros. Había que trabajar mucho para salir adelante, haciendo frente no solo a las fatigosas condiciones laborales sino a las injusticias del momento. Tiempo oscuro y al mismo tiempo feliz y solidario porque se podía disfrutar y compartir intensamente las pocas cosas que se tenía. De las muchas imágenes entrañables que nos deja este libro he cogido tres que me parecen representativas de la forma en que los barbateños, a pesar de los pesares, sabían encarar y disfrutar lo que la vida les daba:

En la primera imagen me imagino a "los viejos lobos de mar" durmiendo la siesta en verano sobre unas mantas extendidas a los pies del Faro Antiguo mientras escuchan el rumor de las olas golpeando las piedras del Castillo y el suave viento de levante les acariciaba las caras.

La otra imagen la sitúa Juan en la calle del Zapal, en las noches calurosas de verano cuando la gente bajaba hacia el Bar de Antonio Soler, hijo del *Cojo Soler,* para escuchar los pasodobles de los músicos de la orquesta de Sabal, mientras los zapaleños tiraban las colchonetas a la calle para dormir a la fresquita mirando un cielo lleno de estrellas.

La tercera imagen que nos describe Juan es la playa en un veraniego domingo donde las familias "improvisaban sombrajos hechos con viejas colchas" sobre las piedras que el bajamar había dejado al descubierto. Esta imagen me trae el recuerdo de las salidas que hacíamos toda la familia,

incluyendo a tíos y primos, a la playa que se formaba dentro del puerto pesquero, en donde hoy se encuentra el varadero y el puerto deportivo. Allí acudíamos con toda la vianda y las sábanas para hacer los toldos sobre los botes de la orilla.

He sentido las mismas sensaciones leyendo este libro que mirando las fotos antiguas de nuestro pueblo publicadas por Fernando Rivera y Juan Daza en sus libros "Barbate, imágenes de ayer y hoy". Un tiempo que forma parte de nuestra vida y de nuestro sueño, un tiempo que el tapiz de la memoria dulcifica y hace que lo añoremos cubriéndolo de un halo de paraíso perdido. Un tiempo que es necesario que conozcan las futuras generaciones y un tiempo que se tiene que tener en cuenta a la hora de actuar sobre el presente y futuro de Barbate.

Alguien ha dicho que el presente no existe sino que es la prolongación del pasado: somos lo que fuimos en un fluir continuo. Con los errores y aciertos del pasado vamos construyendo nuestro futuro. Barbate es lo que es porque no supimos aprender del pasado y es necesario conocer y asumir ese pasado para construir nuestro destino como pueblo. Los de nuestra generación, conocedora de parte de ese pasado, tenemos la responsabilidad de que el viento de la historia no se lleve lo poquito que nos queda. Hay que sacar del olvido nuestro legado histórico y cultural y cuidar como oro en paño lo que aún perdura. El libro de Juan Rossi es una aportación valiosa para conocer ese Barbate lleno de miserias y al mismo tiempo próspero que le tocó vivir. En su vida se refleja el espíritu forjado de sacrificios así como las ganas de vivir y disfrutar cuando nos cuenta el placer de comerse un plato de conejo con arroz después de llegar andando o en bicicleta a la Venta de Benítez, cerca de la Barca de Vejer.

Son muchos los barbateños que han hecho y siguen haciendo muchas cosas por recuperar y mantener nuestro legado histórico, pero también se siguen permitiendo la destrucción de símbolos de nuestra identidad sin que seamos capaces de impedirlo, como la antigua casa del Faro, el Cine Atlántico o los pinos del Parque de los Patitos por poner algunos ejemplos alejados en el tiempo pero que son síntomas de que este afán destructivo aún sigue presente. Recuperar y divulgar nuestra historia tiene que ir de la mano de conservar lo que es nuestro.

La vida de Juan Rossi, sus vivencias centradas sobre todo en su trabajo en los saladeros, está unida a la historia económica de nuestro pueblo: el mar, el río, la pesca, la Lonja Vieja, las fábricas de conservas, el bullicioso puerto pesquero, un mundo desaparecido que no debe ser olvidado. Con el libro de Juan se recupera para las futuras generaciones parte de este legado. Sería bueno que se escribiesen muchos otros libros que hablasen de otros aspectos de nuestro pueblo, contado por gente que lo vivieron, que lo sufrieron y disfrutaron, porque es en las historias vivas, narradas por sus protagonistas, donde se siente verdaderamente el pulso de la historia de Barbate.

Me imagino que la primera intención de Juan Rossi al escribir este libro sería hacer un regalo a su familia, amigos y a sí mismo, pero también hacer un regalo al pueblo de Barbate. Por lo que me toca, gracias Juan por contarnos tu vida, que es parte de la nuestra. Espero y deseo que sirva, entre otras muchas cosas, para animar a otros a hacer lo mismo.

Antonio Aragón Correro

Notas del autor

Mi padre, Juan Rossi, el protagonista de esta biografía, tiene actualmente 81 años. Si pensamos en alguien con esa edad a renglón seguido, nos imaginamos a un anciano algo "cebolleta", pero si ese alguien es Juan Rossi, entonces habremos dado en la diana.

Después de tantos años, el baúl de su experiencia está a rebosar de vivencias y anécdotas que él, un día sí y el otro también, se ha encargado de contar y recontar a todos los que estábamos a su alrededor. Así que un buen día, viéndolo un poco postrado por los achaques y mustio en casa, y, sobre todo, "aburriéndonos" hasta el infinito con sus historias mil veces repetidas, le propuse que las transcribiera. No hubo que insistirle mucho, inmediatamente cogió unas hojas sueltas y empezó a escribir lo que su memoria había retenido a lo largo de su vida.

Me llevó tiempo transcribir, comprender e interpretar el material, en parte por la dificultad que entrañaba descifrarlo, pero también por mi desconocimiento de determinados aspectos de su trabajo y del contexto en el que lo desarrollaba. Realicé muchas llamadas telefónicas y conversaciones para que me aclarara dudas y en cada contacto, surgían nuevos datos y reflexiones que no recogía en su cuaderno, por lo que éste se iba ampliando y ampliando y parecía no tener fin… el que él ya se desesperaba por encontrar.

Ha sido una tarea ardua, para él por la disciplina que le ha exigido plasmar en un papel todos sus relatos orales, siendo una persona sin estudios; para mí, por desenmarañar una madeja bastante embarullada… No obstante, ha merecido la pena, por el legado que nos deja. Nuestras memorias ni remotamente se asemejarán a la suya y, a pesar de haber escuchado, no mil, sino un millón de veces, sus historias, éstas acabarían diluyéndose, ya no tendrían el sabor y el olor que se han quedado en estas líneas...

Por fin, papá, ha llegado el momento. Te entregamos este relato como si uno de tus tantos pescados se tratara, cógelo en tus manos y despiézalo... Que aproveche.

Barbate, entre oleajes de un mar de pinos

Nací en Barbate el 22 de noviembre de 1930. Mis padres, Juan Rossi Chamorro y Leonor Ponce Domínguez, ambos procedentes de Vejer de la Frontera, se casaron en 1928 y tuvieron seis hijos. Yo vine al mundo el primero y, tras de mí, Manuel, Isabel, Lola, Paco y la última, María.

Hasta 1954 viví en una casa de la Cuesta de Emilita Luna, enfrente de la tienda de comestibles de Antonio Soler, hijo del *Cojo Soler*, para después trasladarnos al número 29 de la calle Zapal, una casa que aún hoy permanece cerrada y en perfecto estado.

Casa donde viví, en la esquina de la Cuesta de Emilita Luna (Fuente: Barbate, Imágenes de ayer)

Hoy, 22 de noviembre de 2010, cumplo ochenta años y, ante la petición de mi hijo José Mari, he comenzado a escribir los recuerdos y anécdotas que tantas veces he contado como una retahíla a familiares, amigos y conocidos. Pero quiero empezar hablando de mi pueblo. Barbate es un magnífico lugar, por sus gentes, por sus paisajes, por sus recursos y por tantas y tantas cosas que he vivido y que iré relatando a petición de mis hijos.

Desde 1930 hasta ahora, el pueblo de Barbate y su entorno han sufrido una intensa transformación. Sin embargo, si hay una imagen que defina a esta localidad en los años treinta es la de un mar de pinos y arena. La mitad del área de la actual extensión estaba cubierta por un pinar que se desplegaba desde la entrada del pueblo hasta bien cerca de la playa.

Mi hermano Manuel (d) y yo (i)

A la entrada del pueblo se levantaba un cerro que ascendía hasta el emplazamiento del actual hostal y que sirvió de asentamiento a destacamentos de militares durante los años de la Guerra Civil y la posguerra. Además, había otras elevaciones que salpicaban el terreno y, desgraciadamente, entre colina y colina podían encontrarse estercoleros donde la gente arrojaba las basuras.

Próxima al actual mercado de abastos se hallaba una caseta forestal y, desde allí, partía otra vereda hasta la caseta del Montaraz. Al final de la actual avenida de Andalucía, donde se ubica el cuartel de la Guardia Civil, se erigía un pino excepcional, tan alto que se ganó el sobrenombre de *El Pino de Napoleón*.

El resto de mi familia: Paco, Lola, Isabel y María (superior), mi padre y mi madre (inferior)

La arteria principal de Barbate era la avenida del Río, la única entrada al pueblo, por donde toda una corte de barbateños echábamos el paseo. Además, era la calle donde se instalaba la Feria del Carmen y donde se ubicaban el Ayuntamiento, el colegio del Carmen y, en años posteriores, el cine Avenida; edificios que fueron testigos del trasiego de viandantes, camionetas y carros tirados por mulos. Otras avenidas importantes en los años treinta y posteriores fueron la avenida del Faro y el Río Viejo, que delimitaban la zona donde se concentraba el grueso de la población barbateña.

Un extenso manto de pinos envolvía la actual avenida del Mar y solo una sinuosa vereda de arena lo atravesaba hasta el Real de la Almadraba. El Real era un recinto, en los extramuros de Barbate, donde se guardaban los enseres propios de la almadraba. Enfrente del Real sobresalía un cabezo de rocas, formando un cabo donde rompía la mar tanto por el lado de levante como de poniente, y que sirvió de base para el futuro puerto de la Albufera.

El escenario natural más concurrido en los años treinta era la playa. Una playa abierta y sin edificaciones que recorría todo el litoral barbateño, siendo las fábricas del Consorcio Nacional Almadrabero, por detrás de la Chanca y próximas a la desembocadura del río Barbate, las únicas construcciones que se asomaban al mar. En la playa, los marineros extendían las artes para que se secaran y se ayudaban de carros y mulos para cargar y recorrer la distancia que separaba el mar del pueblo.

Sin embargo, la playa de Barbate ha sufrido una intensa transformación debido a los temporales y a la mano del hombre. La crecida de las mareas, en conjunción con los temporales, ha sido devastadora para el pueblo. La fuerza del oleaje alcanzaba la misma avenida del Mar, a la altura del bar Rajamanta, que sufrió incontables azotes contra sus paredes; lo mejor que le podía pasar era que solo quedara enterrado en arena. Su propietario nunca se dio por vencido y lo reconstruyó en múltiples ocasiones, cambiando su arquitectura conforme a los materiales de construcción de cada época.

Vista aérea de Barbate en 1940 (Fuente: Barbate, imágenes de ayer)

El bar Rajamanta representa un icono indestructible pese a los temporales, no solo meteorológicos sino también económicos. Me acuerdo de los temporales de otros tiempos en los que la mar y el río llegaban a tocarse, desde el Consorcio hasta La Barra, y era imposible acceder a pie.

Bar Rajamanta

El Faro Antiguo se erigía sobre una elevación de unos tres metros sobre el nivel del mar, protegido por una pared natural de barro colorado y, a la derecha, en su parte inferior, se descubrían las Piedras del Castillo, lugar conocido donde se cree que estuvo construido el Castillo de Santiago, edificado por el duque de Medina Sidonia en el siglo XV. Sin embargo, los únicos vestigios visibles eran los de un nido de ametralladoras levantado años después, con motivo de la Guerra Civil.

Los campamentos militares

Durante la Guerra Civil y en los años posteriores, Barbate y su comarca estuvieron ocupados por distintos destacamentos militares. los Guripas, o Ingenieros, se ubicaron a pie de la Tarayuela y fueron quienes construyeron los nidos de ametralladoras que salpican nuestras costas. Un segundo destacamento de Infantería se asentó en medio del pinar, en la actual calle Ancha, y un tercero, de Regulares, con soldados marroquíes procedentes del protectorado de Marruecos, se instaló en las inmediaciones de Vejer de la Frontera, aunque a algún que otro soldado moro llegué a ver en lo alto de la Tarayuela cuando iba de camino a las numerosas huertas que se extendían desde los Treinta Poyetes hasta La Oliva, en busca de boniatos.

Era frecuente ver a militares y a la Guardia Civil en la taberna que regentaba mi tía Paca *la Camiona*. Mi tía estuvo casada con Francisco Soler, fallecido en 1938, hermano de Diego Soler, más conocido como *el Cojo Soler*. La taberna de *la Camiona* se ubicaba en la avenida del Faro, un poco más abajo de la Aguja Palá, una casa antigua muy grande, con patio interior y arboleda, conocida en el pueblo por su negocio dedicado al lenocinio. Pero esta no era la única casa de tratos existente en Barbate: en la acera de enfrente de la misma calle, un poco más arriba de la Aguja Palá, se encontraba la Casa del *Cojo Pareja*.

Así pues, en los años de la guerra y la posguerra desfilaron por Barbate militares de distinta graduación y también por la taberna de *la Camiona*. Me acuerdo de un soldado de Infantería apodado *el Sevilla*, del cabo Reyes, del teniente Castro y del soldado Riera, que tocaba la bandurria en la taberna.

Por allí pasó también un militar conocido como el teniente Ferrer, que alcanzó popularidad en el pueblo porque solía prestarse a múltiples celebraciones cívico-religiosas. El apadrinamiento de Frasquito, *el de los caracoles*, que desde 1961 sería mi cuñado, fue uno de los eventos que protagonizó. Resulta que Ferrer solía comprar en un puesto de verduras y frutas del Zapal, regentado por Isabel la *Melona*. La madre de la que iba a ser mi suegra en el futuro ayudaba a Isabel *la Melona* en el puesto y allí llevaba a su nieto Frasquito para cuidarlo. El teniente Ferrer, al ver al niño tan crecido y todavía sin bautizar, no reparó en decir:

—*¿Este niño qué va a ser?, ¿morito?*

Y se ofreció para ejercer de padrino, arrastrando a *la Melona* como madrina. El día del bautizo de Frasquito, una banda de música militar adornó el acto, a pesar de la negativa de mi suegra a que se diera bombo y platillo a la celebración, pues no era muy dada a tales arreglos.

Y ya que ha salido a colación *la Melona*, contar que su marido, Cristóbal, ante las bombas disparadas por el navío republicano el Churruca, condujo a un gran número de zapaleños hasta Barranco Hondo, que huían despavoridos, sin que hubiera que lamentar daños personales. Yo me uní al grupo que se dirigió a la Porquera, aunque otros muchos barbateños marcharon a distintos puntos de la comarca en busca de protección.

Aunque, para tragedia, la de María, *la de Conil*, mi futura suegra, que ya veía la vajilla colocada en el alféizar de su ventana desparramada por el suelo y hecha añicos por el tembleque de las bombas. Ya lo dije antes: a mi suegra nunca le gustó el bombo, ni tampoco las bombas.

Jábega (Fuente: Barbate, imágenes de ayer)

Una infancia descalza a orillas del mar

A la edad de nueve años madrugaba a las seis de la mañana para calar la jábega en la playa del Carmen. La barca se alejaba a unas tres millas de la costa para echar la red y, desde la playa, tirábamos de los cabos con la ayuda de los estrobos. Éramos unas cuarenta personas, descalzas, tirando de los cabos; cuánto daño nos hacíamos en los pies con los trompicones contra las piedras que quedaban al descubierto. Cuando por fin el copo alcanzaba la orilla con el pescado cogido, respirábamos aliviados por la faena hecha.

El pescado se vendía en la misma playa, a cincuenta duros, y cada uno de los marineros en tierra ganaba una peseta y dos reales; cuando el copo venía vacío, lo máximo que alcanzábamos era una rosca de pan que valía quince céntimos o tres chicas.

Con diez años estuve en el tercio… y no precisamente en la Legión, sino jalando lanchas para encallarlas justo enfrente de las Piedras del Castillo. Eran embarcaciones de trece a catorce metros de eslora que salían a pescar a la bahía de Barbate, un total de cuarenta lanchas que cubrían buena parte de la playa. Un tal Joaquín *Cuatro Patas,* llamado también *el Cordelero,* se encargaba de enganchar las amarras por las argollas de las bandas, y el tercio se encargaba de jalar con ayuda de los estrobos.

Más de sesenta hombres tirábamos y tirábamos al compás de un pito, que tocaba Luis *el Manco.* Las lanchas eran arrastradas por la popa y, con ayuda de varales untados con sebo que colocábamos en tierra, lográbamos encallar las embarcaciones en la arena. Después transportábamos el pescado en carros tirados por mulos hasta los saladeros. La jornada no acababa hasta las diez de la noche y yo, por ser un zagal, ganaba solo media parte de jornal.

A partir de 1943, el pescado empezó a venderse en la Lonja Vieja y las lanchas entraban por el río. Cuando hacía temporal y el oleaje dificultaba la salida de las embarcaciones hacia mar abierto, el tercio trasladaba las lanchas por tierra mediante varales untados con sebo, desde el río hasta las Piedras del Castillo, a lo largo de la playa.

Barco entrando por la desembocadura del río Barbate. (Fuente: III Muestra de Imágenes Tradicionales de la Pesca. Editado por la Consejería de Agricultura y Pesca de la Junta de Andalucía)

En los años cuarenta también me ganaba la vida pescando calamares. Me levantaba a las cuatro de la madrugada para salir en un bote de remo de unos tres metros de eslora. Los varales que nos servían para echar el bote al agua los metíamos con la tripulación para no dejarlos en la playa. Más de ochenta botes se alejaban de la costa para pescar calamares por la ensenada de Barbate y volvíamos a tierra cuando lográbamos capturar entre setenta y ochenta piezas.

En la playa nos esperaba un marinero de la flota marrajera, procedente de Algeciras, para comprar nuestra captura a peseta el calamar; se utilizaba como carná en la pesca de la aguja palá o pez espada.

Había también lanchas sin cubierta que albergaban hasta catorce marineros y que se aproximaban hasta la costa de Tánger para pescar las caballas del cantillo, especies más grandes que las habituales. Cruzaban el Estrecho incluso con levante, con el riesgo que ello entrañaba. El valor se confundía con la temeridad, porque en esas condiciones las lanchas se anegaban con facilidad y los marineros achicaban con cubos, a falta de bombas para extraer el agua.

En 1940, una epidemia de tifus infestó la comarca y las autoridades instalaron en el bar Miramar unos hornos de leña junto a unas duchas para que todos los marineros, al llegar a tierra, pasaran por ellas obligatoriamente, fumigándose también la ropa. Barbate nunca presenció una corte de marineros tan limpios y desinfectados como la de aquellos años.

Con la marea vacía y una nasa, aprovechaba para calar en los múltiples socavones que quedaban al descubierto a lo largo de la playa. Un día pesqué un pez sapo de algo más de un kilo; muy orgulloso me lo llevé a casa para que mi madre lo guisara. Lo preparó con patatas y, ¡qué bueno estaba con el hambre que había entonces! Como vivía cerca de las Piedras del Castillo, me animaba a pescar casi a diario. No os podéis imaginar lo grandísimos que eran los camarones que se pescaban, del tamaño de las gambas.

En la bajamar también quedaban al descubierto enormes piedras donde la gente improvisaba sombrajos hechos con viejas colchas, para el disfrute de las tardes de verano.

En los años cuarenta, el Consorcio se desprendía de las migajas de atún cocido y las depositaba por detrás de la fábrica como desperdicios. Los chiquillos buscábamos entre aquellos residuos los pedacitos de atún todavía aprovechables para el consumo humano; los más despabilados les sacábamos provecho y se los vendíamos a *los malagíes* de Vejer, a una, dos o tres pesetas la bolsa de migajas. En años posteriores, las fábricas dejaron de desprenderse de estos restos y los reciclaron para su molienda en la fabricación del guano.

Mi amigo Antonio Soler, sobrino del *Cojo Soler*, y yo frecuentábamos el Corral, una zona situada al principio de la playa de la Yerbabuena. Cuando la marea bajaba, una piscina natural quedaba aislada del resto del mar, con un nivel de agua que nos llegaba por los muslos, ideal para pescar chocos. Era muy fácil capturar estos cefalópodos porque se enterraban en la arena y los cogíamos con las propias manos, aunque con mucho cuidado de que no te mordieran. Recuerdo el día que capturamos doce kilos de chocos entre los dos.

El lenguado era otra especie fácil de pescar en el Corral. Utilizábamos un pincho de hierro y, para visualizarlo camuflado en la arena, ampliábamos la imagen del fondo con pequeñas balsas de aceite en la superficie. En invierno íbamos casi todos los días, hasta que en 1950 empezaron a construir el espigón conocido como la Segunda Punta. Lamenté mucho ver cómo desaparecía nuestro estero particular en aras del crecimiento de Barbate; sin embargo, ignoraba entonces el apogeo económico y social que supondría para mi pueblo la construcción del nuevo puerto.

Lo que la vista alcanza desde el Faro Antiguo

En los meses de estío, los viejos de Barbate echaban mantas al suelo para dormir la siesta a los pies del Faro Antiguo; toda una corte de viejos lobos de mar descansaba bajo la sombra del faro y la caricia de un suave levante.

El Faro Antiguo de Barbate se construyó en 1935, aunque la casa del faro probablemente se levantó mucho antes. Yo conocí al farero que habitaba en ella y, durante un par de años, todas las tardes le ayudaba a encenderlo. Don Fernando me llamaba desde las Piedras del Castillo y gritaba:

—*¡Juanillo, vamos a subir al faro!*

Y, con ayuda de una manivela, ascendíamos las lentes y la fuente de luz propias de un faro antiguo que funcionaba con petróleo.

Un ingeniero funcionario de la autoridad marítima tenía prevista una inspección técnica del faro, y don Fernando quería ofrecerle la mejor vista desde lo alto, por lo que me encargó que limpiara de hierbas y matojos la carretera del Faro, la actual avenida del Faro. Era habitual que esta avenida quedara enterrada en arena a causa del levante y que la vegetación silvestre creciera a lo largo de toda la vía. Reuní a una cuadrilla de cuatro chavales, amigos míos, y después de cuatro días de limpieza rematamos el encargo a mediodía.

El farero nos obsequió con un plato de sardinas asadas, a palo seco, porque en aquel momento no disponía de pan. Después del trabajo bien hecho y del hambre que arrastrábamos, aquellas sardinas nos supieron como el mejor de los manjares.

En la bajamar, los barbateños disfrutaban del paseo desde el Real de la Almadraba, enfrente de Rajamanta, hasta La

Barra, a lo largo de unos mil ochocientos metros de playa. ¡Daba regalo estar allí!: unos paseando y otros sentados en la arena. Aquel era el paseo oficial del pueblo, excepto cuando el pleamar cortaba el paso por las Piedras del Castillo. En invierno, la andanada de mar rompía las olas contra las piedras y salpicaba con su espuma a todo el que se situaba arriba; el mismo aire de agua y salitre inundaba los pulmones en cada bocanada.

Antes de la construcción de la Lonja Vieja, en 1943, los barcos salían por el río Barbate y fondeaban a unos trescientos metros de la playa. Los marineros alcanzaban la orilla con botes auxiliares y las muchachas, aprovechando el paseo, también accedían a los barcos desde ellos. Algunas, con permiso del patrón, pasaban el día a bordo y volvían de noche, cuando por fin los barcos salían a pescar.

Si el viento soplaba de levante, fijaban el destino a Larache; si era de poniente, preferían pescar en la bahía de Barbate, a la búsqueda de sardinas. La bahía de Barbate era una estampa, con tantísimos barcos, botes, muchachas y marineros.

De regreso, entraban por el río Barbate para vender el pescado. Aprovechaban el pleamar tanto para salir como para entrar, y volvían a fondear en la costa cuando el pescado ya estaba en tierra.

A la llegada del lunario, los barcos varaban en *laollá*, y a las seis de la mañana los marineros acudían para limpiar el casco de los barcos, aprovechando la bajamar.

Paseo familiar en lancha y de fondo, el Faro Antiguo (Fuente: Barbate, Imágenes de ayer y de hoy)

Experiencias de un náufrago

A la edad de catorce años me embarqué en una lancha llamada *A las Patitas*. Cuando pescábamos por Bolonia y nos sorprendía la noche, había que mantener a toda costa un faro de petróleo encendido durante la travesía, y más nos valía hacerlo, porque los militares ubicados en Punta Paloma se liaban a tiros sin contemplaciones ante todo lo que se moviera a oscuras por la costa, a causa del conflicto bélico mundial.

En una ocasión, cuando veníamos de vuelta de pescar por la Bahía de Barbate y, al enfilar el barco por La Barra, nos sorprendió el embate de una andanada de mar que golpeó la barca y la hizo encallar en la restinga. Tiramos el bote auxiliar para poder salir de allí, pero la fuerza del mar lo rompió contra las piedras en quinientos pedazos. Por suerte, un hilero desencalló la lancha y nos lanzó hacia fuera, y también ayudó la cercanía de un barco que nos arrojó un cabo con el que nos remolcó hasta las Piedras del Castillo.

Gracias a Dios, de esa nos libramos, y a partir de aquel acontecimiento decidí que mi destino no apuntaría a ser marinero, aunque iba a estar muy ligado al mar, pero desde tierra.

Me puse morado en el Soto y vi camellos en el Botero

Con catorce años probé mar y tierra, esta última en la siembra de garbanzos en el cortijo de Mera, un poco más allá del Botero. Fuimos tres amigos y yo, con la ilusión de ganar tres pesetas al día y estar mantenidos durante una semana, pero aun así pasamos mucha hambre. Nos desplazábamos algo menos de tres kilómetros para llegar a la zona de cultivo y, dada la distancia, permanecíamos en el campo el día completo.

Una mañana de levante, mientras arábamos la tierra con ayuda de un toro, nos sorprendió súbitamente un viento sur cargadito de agua. Empezó a llover de tal manera que soltamos todos los avíos de arar y corrimos campo a través buscando refugio, pero el único estaba a poco menos de tres kilómetros. Corríamos más que *Cary Grant* en la película *Con la muerte en los talones*. La lluvia, el viento y el fango por encima de nuestras cabezas parecían castigos divinos dispuestos a aniquilarnos. Tan pronto como llegamos al cortijo encendimos fuego, nos quitamos la ropa y nos quedamos en calzoncillos; daba penita vernos.

Aquel temporal no solo malogró nuestra peonada, sino que también hundió algún barco que hacía la travesía del Estrecho. Durante algunos días presenciamos a grupos de carabineros recogiendo tablones de hasta cinco metros por la zona de Pajares y custodiándolos en el mismo cortijo de Mera, pero lo más sorprendente fue ver cajetillas de tabaco Camel desparramadas a lo largo y ancho del Botero. Aquel día me enteré de que los camellos también sabían nadar.

En el tiempo de las moras se organizaban expediciones por el río Barbate hasta el Soto para degustar este delicioso fruto. Era costumbre que todos los años, por el mes de junio, la gente subiera en botes de poco calado, indispensables para sortear la escasa profundidad del río, los meandros, los cañaverales y los juncos. Había que aprovechar el flujo de la pleamar para que el ascenso fuera más llevadero y, de regreso, la bajamar para que la corriente arrastrara.

Por el Soto se extendía un aluvión de moteras que hoy han desaparecido y han sido reemplazadas por construcciones. Pero en la memoria colectiva permanecen aquellos maravillosos días de moras por el río Barbate.

La vida en la Breña y los peligros escondidos

La Guerra Civil sorprendió a mi padre en la mar y, durante algunos meses, se refugió en Casablanca para huir poco después a Barcelona, donde se afincó hasta el final de la guerra. Una vez que volvió a Barbate, lo hicieron preso y permaneció en el Penal de Cuatro Torres, en San Fernando; luego pasó al penal de Chiclana y posteriormente a Vejer, en total más de un año de cautividad.

Tras su liberación le prohibieron toda salida al exterior y, por supuesto, embarcarse, por lo que durante otro año más debió personarse semanalmente ante las autoridades civiles. No fue hasta 1946 cuando consiguió la plena libertad y pudo embarcarse nuevamente. Mientras tanto, y como la necesidad de llevar algo de dinero a casa era imperiosa, de noviembre a febrero nos dedicábamos a la recogida de piñas por la Breña y Jarillo.

En aquel tiempo, la Breña se llenaba de criaturas recogiendo piñas para el Estado. El guardia forestal responsable de controlar la recolección se llamaba Juan Pérez y nos pagaba cinco duros por cada mil piñas. Cuando Juan Pérez estimaba que ya había un número suficiente, nos daba licencia para quedarnos nosotros con el resto. Al finalizar la recolección nos empleábamos en el picón: recogíamos todo tipo de ramajes y troncos de leña, les prendíamos fuego y controlábamos la combustión hasta conseguir el tan necesario combustible para cocinar y calentar las casas con los braseros.

De mayo a julio, con la llegada del calor, tocaba desgranar las piñas y era otra manera de ganarse algunas pesetas. Juan Pérez me pagaba diez pesetas por la fanega, de cincuenta kilos de piñones, y a mi padre, por ser adulto, doce. Un año, Juan Pérez nos encargó cargar sacos de piñas desgranadas y cáscaras de piñones para la empresa de chocolates Eureka, de Cádiz, que las aprovechaba para encender sus hornos en la elaboración del chocolate.

Durante veinte días, mi padre y yo cargamos camiones de gasógeno, alimentados con carbón y leña, porque por aquellos años escaseaban otros combustibles. En los años de la posguerra todo se aprovechaba, hasta las cáscaras de los piñones.

Durante esos meses de verano acampábamos en la Breña y dormíamos en tiendas hechas a base de palos y ramas de eucalipto, como tiendas de indios. Cubríamos el suelo con mantas y allí descansábamos mi padre y yo. El olor a humo y resina en la ropa era tan penetrante que no había costura que se escapara.

Manteníamos una higiene mínima gracias a la existencia de una pileta situada a unos doscientos metros de la casa de Jarillo, que surtía de agua con la ayuda de una manivela, procedente de un manantial cercano. Yo me encargaba de las labores de aprovisionamiento: una vez por semana iba al pueblo para traer comida, excepto el pan y la leche, que los compraba en la misma casa de Jarillo.

En otras épocas del año también recogíamos distintos frutos del campo: camarinas en la Breña, palmitos y palmichas en Pajares, y madroños por la zona de la Oliva. Con lo recogido en el campo —incluidos el picón y los piñones tostados—, mi hermano Manuel y yo lo vendíamos en la misma puerta de mi casa, en la cuesta de Emilita Luna, en la esquina de la tasca de Mateo o en el Pósito Pescador.

Un día de verano de 1944, de vuelta hacia el pueblo después de haber recogido, tostado y desgranado una cantidad considerable de piñas, sentí en mis partes una sensación aguda, punzante y muy desagradable, acompañada de escalofríos que recorrieron todo mi cuerpo desde la cabeza hasta los pies.

—*¡Ay, opaíto!*— fue la exclamación que salió de mis adentros.

Seguí andando y, a los pocos minutos, sentí otro pinchazo similar, pero ya el escalofrío se transformó en un sudor que empapaba la cara y la ropa. Aligeré el paso para llegar cuanto antes a casa y, cuando atravesé la Tarayuela, la distancia que me separaba de mi hermano Manuel y de mi padre era ya considerable.

Al alcanzar la puerta de mi casa recibí un tercer picotazo y, preso del miedo y la ansiedad, me despojé de los pantalones y de los calzoncillos de perneras largas, los arrojé al suelo con violencia y descubrí de pronto un alacrán enganchado en la huevera de los gayumbos. Con los pelos como escarpias, sacudí con fuerza la prenda y lancé el bicho al suelo; cogí unas alpargatas y lo destripé con la misma violencia que asco.

Sabía, por la sabiduría popular, que la propia plasta del alacrán se utilizaba como remedio para reducir y amortiguar los efectos venenosos de la picadura, así que la recogí del suelo y de la alpargata y me la unté por los testículos. El fuerte dolor en los genitales y cierta debilidad en las piernas se hicieron presentes cuando procedí a extenderme aquel asqueroso ungüento que, unido a una sensación nauseabunda, dibujaba un cuadro más que espeluznante.

Manuel Soler, cuñado de mi tía Paca *la Camiona* y padre de mi gran amigo Antonio Soler, era cazador de conejos y experto en atrapar todo tipo de bichos y reptiles del campo: lagartos, bichas, alacranes y otros insectos. Se había especializado en la preparación de contravenenos para remediar los efectos de picaduras y mordeduras; a estos animales, una vez muertos, los echaba en un perol y los refreía a fuego lento en su propia sustancia oleaginosa.

Cuando Manuel Soler se enteró de mi percance, me proporcionó un pequeño frasco lleno de aceite y me lo unté por los testículos; además, me hizo beber de golpe un vaso de aceite de oliva. Al instante noté una sensación de hormigueo en las uñas y un escalofrío que me recorrió toda la espalda, prueba de que el antídoto empezaba a hacer efecto en mi interior. La inflamación y el dolor de testículos comenzaron a remitir a los dos días, sin necesidad de acudir al médico, porque estos incidentes, es bien sabido, se curaban con remedios caseros.

Sin embargo, aquella experiencia no me causó el menor miedo a estos arácnidos. En mis idas al campo levantaba piedras y boñigas para descubrir alacranes enrabietados, hasta el punto de aplastar cincuenta y cuatro en un solo día, superando con creces los necesarios para fabricar el ungüento.

Las labores de recolección y tostado de piñas las desarrollé hasta 1946, fecha en la que mi padre logró embarcarse de nuevo, esta vez en el Cabeza de Hierro.

De la playa al Oeste sin pasar por cazuela

Cuando el levante apretaba, era una magnífica ocasión para sacar alguna perra chica o gorda extra. Con mi amigo Antonio Soler recorríamos la playa de punta a cabo con la esperanza de que el viento descubriera ante nuestros ojos alguna moneda perdida, aunque estuviera mohosa. Hasta cuatro y cinco veces recorríamos la distancia comprendida entre el varadero de los barcos de la Almadraba, frente al actual bar Paquete, y La Barra.

Con suerte, algunos días podía reunir hasta cuatro perras gordas, el precio de la butaca en la cazuela del cine Malia. Descubrir alguna moneda en la playa era la única manera de ver películas en la pantalla grande, porque la posibilidad de que mis padres me pagaran el cine era muy remota, dada la carestía de la vida.

El precio de la butaca variaba según el lugar: cuatro gordas en la cazuela, dos reales en el anfiteatro y seis gordas en el patio central. Me encantaban las películas del Oeste, y especialmente las de *Bad Jones*, *Keit Mannan*, *Tom Keene*, *Tom Tyler*, *Tim McCoy* y *Chispita*. A pesar de lo difícil que resultaba reunir las monedas recorriendo la playa de punta a punta, aquella búsqueda me entretenía bastante en unos años en los que los días parecían más largos.

Hasta que un día conocí al encargado de proyectar las películas del cine Malia, el portugués *Américo do Parzo Pocea*. Paraba en un cuartito muy pequeño de la calle Nueva y yo, siempre muy servicial, le ayudaba en los mandaos; a cambio, me dejaba ver las películas de balde.

Un día, el portugués me propuso que le ayudara a montar las películas. El encargo consistía en sacar las cintas de una caja y enrollarlas en el proyector mediante una manivela, y de eso yo sabía bastante por la experiencia acumulada en el faro. El soporte de la película era de un material muy delicado y, con cierta frecuencia, se rompía durante su manipulación, por lo que había que repararlo con un pegamento líquido, por cierto, de olor muy agradable.

El acabado tras el empalme no llegué a dominarlo a la perfección, porque las imágenes salían torcidas en la pantalla; sin embargo, al público no parecía importarle demasiado.

Durante los años que ejercí de ayudante técnico de proyección y empalmes llegué a ver una cantidad innumerable de películas del Oeste, aunque nunca presumí de ello. Lástima que el portugués volviera a su país, porque mi carrera ya apuntaba a crítico de cine western.

Como niño con zapatos nuevos

Cuando llegaba la feria no tenía ni zapatos que ponerme; calzaba unas alpargatas blancas de dudosa calidad que duraban poco más de una semana y casi siempre con el dedo gordo más fuera que dentro. Cuando, pasada la semana, se partían por el talón, las reparaba con un hilo gordo y aún tiraban otra semana más.

Peor me fue con unos zapatos de goma colorados, ¡que eran horrorosos! Los usaba sin calcetines porque no disponía ni de un solo par y, al cabo de dos horas con los zapatos puestos, el sudor rezumaba por arriba; parecía que calzaba dos chocos, con el *chop-chop* del sudor marcando el paso. Para colmo, echaban una peste de muy señor mío que nadie podía soportar a menos de un metro. ¡Eran terribles! Entre uso y uso los lavaba concienzudamente con agua y jabón, hasta que decidí enviarlos a hacer puñetas.

Otro año mi madre me compró un traje de lana de dos pechos al precio rebajado de veinticinco duros. Cuando llegó la feria no me lo quitaba ni para dormir, porque tenía motivos para presumir de traje nuevo. Una noche mi madre puso un potaje de garbanzos para la cena; en aquel tiempo era un bocado exquisito. Mientras comía, yo con mi traje nuevo, me salían los caños de sudor por el pescuezo, pero seguía comiendo sin intención alguna de quitármelo. En pleno mes de julio, con un traje de lana, cenando garbanzos en un cuartito pequeño con ocho miembros de la familia: ¡eso sí que era toda una proeza!

Al año siguiente, con quince años, mi madre me compró otro traje por treinta y tres duros, un precioso terno en la tienda de tejidos del *Cojo Soler*. De una calidad superior, a mi madre no le pareció caro; Pepita, la hija del dueño de la tienda, le decía:

—*Leonor, este traje no se lo pone ni mi cuñao Aniceto*, -dueño de la fábrica del Rey de Oros-.

A la pobre de Pepita la mataron una noche en su casa, adonde entraron dos niñatos para robarle; uno de ellos, por cierto, era el mismo que me servía todas las mañanas infusiones de manzanilla en el bar Joseleque.

A mediados de la década de los cuarenta, Marruecos era un protectorado español y la flota de Barbate pescaba sin problemas frente a sus costas, casi pegada a la playa. La pesca era bastante buena porque los caladeros estaban repletos de pescado y porque entonces no se daban los problemas de ahora con el país vecino. De Tánger traían muchas provisiones; recuerdo un pan de arroz muy ligero, que apenas pesaba y tenía un sabor riquísimo. También traían unos cinturones de plástico muy baratos, y raro era ver a un barbateño sin uno puesto.

Se pusieron de moda unas botas a seis duros, de muy buena calidad, y yo, escarmentado de andar con alpargatas que no duraban más de una semana y con zapatos *chop-chop*, encargué un par a unos amigos que estaban embarcados.

Pero lo que más furor causó en Barbate fueron unos cortes de tela engomada, de color blanco, para la confección de trajes. Así que adquirí un par para que un sastre me elaborara un terno; en aquel tiempo se diseñaba mucha ropa con esas piezas. Todos los domingos me ataviaba con aquella indumentaria y ¡cuánto me parecía a *Fred Astaire*, y cuánto presumía! Tenía que tener mucho cuidado de no mancharme, porque la tela engomada era bastante difícil de limpiar.

Con mi hermana Lola (i) y mi hermana María (c)

Entre cal y cantos

A la edad de quince años encontré trabajo en una calera que regentó un tal Paquito hasta 1947; en años sucesivos fue arrendada por Rosadito y con él permanecí hasta 1952.

La cal se elaboraba a partir de las piedras que recogía en la playa. Tenía autorización de la Comandancia de Marina que me permitía coger piedras desde la Yerbabuena hasta los acantilados del Tajo. Muchas veces no podía pasar por la zona de los acantilados a causa del pleamar y, hasta que no bajaba la marea, no podía seguir con el trabajo. Desde la caseta de vigilancia próxima al faro de Barbate, los carabineros vigilaban con sus prismáticos toda la costa y también a mí y al borrico que me acompañaba en tan penosa tarea.

Un día, cuando la marea estaba llena, se me ocurrió recolectar piedras próximas al recinto donde la Almadraba guardaba las anclas. Cargué el borrico de piedras y, a la altura del faro, me paró un carabinero con muy mala uva y me dijo:

—*¡Eh, tú! ¿Dónde has cogido esas piedras?*
—*De la Yerbabuena* —le dije.
—*No; tú has cogido las piedras de las anclas, así que ya puedes dejarlas donde las has cogido.*
—*Pero, hombre, ¿ahora me va a hacer usted llevarlas allí, con el trabajito que me ha costado?* —respondí, y para las anclas de la Almadraba me volví.

Por aquel entonces yo tenía amistad con Pedro, el guarda de la Almadraba. Lo busqué y le dije:
—*Pedro, que el carabinero me obliga a dejar estas piedras aquí.*
—*No te apures* —me dijo—, *yo hablo con el carabinero y a ver qué puedo hacer.*

Y así fue. Salí victorioso del envite de aquel carabinero; sin embargo, al cruzarme con él no pudo evitar mascullar un *"anda, vete"* cargado de desprecio.

La cal que producía se aprovechaba para la casi totalidad de las obras que se ponían en marcha en el pueblo. El carbón necesario para cocer las piedras se importaba desde San Fernando a través del cosario de Barbate, un transportista llamado *Botón* que traía todo tipo de mercancías de pueblos cercanos. Había que echar lo justo de carbón, porque si echabas más de la cuenta se obtenía cal derretida y, si echabas poca, salía cruda; a la cal cruda la llamábamos cochizo.

Casi todos los días pasaba por el Consorcio con mi borrico a recoger la carboncilla, restos de carbón piedra que utilizaba la fábrica. En 1946 y en los años sucesivos hasta 1952 arrimé mucha cal a un sinfín de obras que se iniciaron por esas fechas en Barbate: las casas ultrabaratas, las baratas, el cine Avenida, el antiguo Mercado de Abastos y hasta la iglesia de San Paulino.

La cal también servía para cocinar. Tres compañeros y yo cogimos una gallina del corral trasero de la calera, que había muerto por una epidemia aviar que asoló la comarca por aquellos años. La metimos en cal viva, calculamos el tiempo necesario para que se cociera, la desplumamos, la despellejamos y nos la comimos. *¡Qué rica nos supo!* También metíamos en cal los boniatos y los chocos, y salían perfectamente cocidos.

Un día Paquito me dijo:

—*Juanillo, te voy a llevar a San Fernando para que veas unos cuantos hornos de cal.*

Y allí nos plantamos con un camión *Ford* de Pedro, amigo de Paquito. Los hornos de cal se encontraban en el barrio del Zaporito, al que se accedía por un desvío a la izquierda desde la calle Real, dirección Cádiz. La calera funcionaba las veinticuatro horas del día y la dirigía una señora encargada de las instalaciones. Nos explicó el procedimiento para obtener la cal; insistía en que los tiempos de cocción tenían que ser los justos, porque si te pasabas derretías la piedra y, si la retirabas antes de tiempo, salía cruda. Había, pues, que tener cierto tacto para conseguir una cal bien cocida.

Recuerdo que en la misma calle de los hornos existía una fábrica de conservas cuyo dueño llamaban *Paquiqui* y donde trabajaban las caballas; muy buenas conservas, pero dejemos las caballas y vayamos con la cal.

Después de ver las instalaciones de San Fernando, Paquito propuso llevarme a Cádiz a una fábrica de losas y cemento. Cogimos el tranvía que hacía el servicio San Fernando–Cádiz, que recorría todo el litoral, y tardamos casi dos horas en llegar a la ciudad por los continuos cortes de electricidad. Me acuerdo de lo agradable que fue aquel trayecto en el mes de agosto de 1946.

La fábrica de cementos y losas se ubicaba detrás de la Residencia y el mar quedaba a poca distancia a uno y otro lado de la avenida. Por el lado derecho, según se entra en Cádiz, existían muy pocas construcciones, y guardo la imagen de las olas rompiendo estrepitosamente contra la pared de la propia fábrica.

El viaje de regreso a Barbate lo hicimos en el *Ford* de *Siguerilla*, pero con ochenta sacos de cemento. En la cabina solo cabían tres —el conductor, *Siguerilla* y Paquito—; yo hice el trayecto de vuelta en el cajón del camión, utilizado habitualmente para el transporte de personas y otros objetos.

Ah, y sobre el carabinero que intentó confiscarme las piedras, decir que corrió muy mala suerte, porque al poco tiempo de aquel desencuentro me enteré de que se pegó un tiro y se mató.

La Virgen del Rosario no quiere ser marinera

En el verano de 1947 se festejó en Cádiz la coronación de la Virgen del Rosario. La noche anterior partieron muchos barcos de Barbate rumbo a la capital, a la espera de la marea creciente para poder salir por La Barra. Eran las once de la noche y muchísimas criaturitas se apelotonaron en la Lonja Vieja para embarcar en alguno de los treinta barcos dispuestos a zarpar.

Se levantó una suave brisa de componente oeste que, en principio, no suponía ningún problema para atravesar el cabo Trafalgar. Una vez superado, el aire de proa se hacía por momentos más intenso y el oleaje más furioso. El cabeceo de los barcos se comprometía cada vez más y lo que iba a ser un paseo tranquilo se convirtió en una auténtica odisea.

La mayoría de los pasajeros se marearon durante la travesía y más de uno, desde aquella noche, no volvió a subirse en un barco. La flota alcanzó el puerto de Cádiz a las seis de la mañana, en parte debido a la reducida velocidad de los barcos, propulsados por motores de bolindre que había que caldear con una lamparilla de gasolina para poderlos arrancar.

Por la tarde, la flota mariana regresó a Barbate y, a diferencia de la ida, hubo mar en calma y un sol maravilloso que alumbró la excursión de vuelta. La estampa de los numerosos barcos llegando al pueblo era digna de ver y, durante más de tres horas, la playa de Barbate fue un hervidero de gente que se agolpaba para recibir a la romería náutica.

La marea creciente dio el aviso para acceder a la Lonja Vieja a través de La Barra y, ya en tierra, el pasaje y la tripulación contaron lo vivido a familiares y amigos, todos muy contentos a pesar de lo movido que había sido el trayecto de ida. Nadie se acordaba ya de los juramentos de no volver a montar en barco a causa del vaivén. Eso es lo que tienen las olas del mar: para bien y para mal, borran cualquier rastro amargo. Y así fue como Barbate celebró tan señalada ocasión.

Mi afición a la fiesta de los toros

El día del Corpus de 1950 no desperdicié la ocasión de ver una novillada en la plaza de toros de Cádiz: Julio Aparicio, *el Litri* y Félix Guillén. El único que dio un espectáculo digno fue Félix Guillén, que salió a hombros por la puerta grande. Tal fue la emoción y la devoción de los aficionados que lo llevaron hasta la mismísima puerta del Ayuntamiento, desde la Plaza de Asdrúbal hasta la Plaza de San Juan de Dios. ¡Vaya pechá de andar y de cargar novillero!

El 13 de junio, día de San Antonio de ese mismo año, visité la feria de Algeciras y su Coso de la Perseverancia. No cabía ni un alfiler en la plaza, sobre todo por los muchos marineros de Barbate que acudieron mientras la flota barbateña permanecía amarrada en el puerto de Algeciras. Aquel día, la rejoneadora peruana Conchita Cintrón nos hizo disfrutar mucho en uno de los últimos espectáculos de su carrera; además, el cartel lo componían Antonio Ordóñez, Juan Posada y Manolo Vázquez.

La novillada fue estupenda y para acabar, nos fuimos a la feria. Muchos famosos de la época se dejaban ver por el paseo: por ejemplo, Lola Flores, a la que vimos subida en los coches eléctricos, que costaban dos pesetas el viaje. Hace sesenta años, ¡qué bien nos lo pasábamos!

Al año siguiente repetí en Algeciras para ver una corrida con *el Litri*, Luis Procuna y José María Martorell. Mi afición a los toros no había hecho más que empezar.

Un tartamudeo muy oportuno

A principios de octubre de 1950 me llamaron a filas para cumplir con el servicio militar obligatorio. Cuarenta quintos del reemplazo fuimos conducidos en un camión del Ejército de Marina y reclutados en el Cuartel de Marinería de San Fernando. Nada más entrar, un oficial me preguntó si tenía algo que alegar, a lo que le dije que sí, que me encasquillaba con la habla, y esa misma tarde me ingresaron en el hospital de San Carlos.

Recuerdo que la Guerra de Corea no había hecho más que empezar y se respiraba cierta tensión en el ambiente cuartelero; sin embargo, yo me calmaba pensando que regresaría a Barbate en cuestión de días. Durante la estancia hospitalaria no me hicieron ni un solo análisis ni prueba médica; solo me daban de comer, beber y cama para descansar. Ante la presencia de los sanitarios me encasquillaba cada vez más y, para mis adentros, pensaba: *¡Yo ya estoy en Barbate.*

En el hospital el tiempo pasaba muy lentamente. Sin nada con qué ocuparme, entre los paseos por el patio y la estancia en cama, la vida se hacía muy aburrida. Un domingo soleado, mientras daba vueltas de acá para allá por el patio con un grupo de quintos, vi a lo lejos la figura de mi hermano Manuel acompañado de un primo y tres más de Barbate. Se dirigían a Cádiz para ver una corrida de toros y, de camino, habían decidido visitarme. La alegría de ver a mi hermano fue enorme, pero el disgusto por no poder acompañarlos fue todavía mayor. Iban a ver al torero Rafael Ortega, que reaparecía en Cádiz tras una cornada recibida en la feria de Pamplona.

Al lunes siguiente me comunicaron la esperada orden: *"Vaya usted al tribunal médico"*. Pasé a una sala muy fría y una hilera de diez militares, sentados detrás de una mesa larguísima, se disponían a dar veredicto a los casos que se les presentaban. Aquello parecía el oscuro tribunal de la Inquisición, pero con bata blanca. No sabéis lo que me entró por el cuerpo: me temblaba todo y no atinaba ni a echar el paso. No sé cómo di la vuelta completa a la sala delante de todos ellos; para calmarme imaginé que hacía el paseíllo de Rafael Ortega.

Cuando terminé la vuelta y me planté frente a ellos, el capitán me preguntó muy tajante:

—*¿Cómo se llama usted?*

Yo, con los nervios devorándome por dentro, tardé una eternidad en decir mi nombre y, antes de que hubiera acabado, concluyó el capitán:

—*Se hundió el buque.*

Y añadió a continuación:

—*¿Para dónde quiere usted el pasaporte?*

A lo que respondí, esta vez muy acelerado pero con voz trémula:

—*P'a Barbate.*

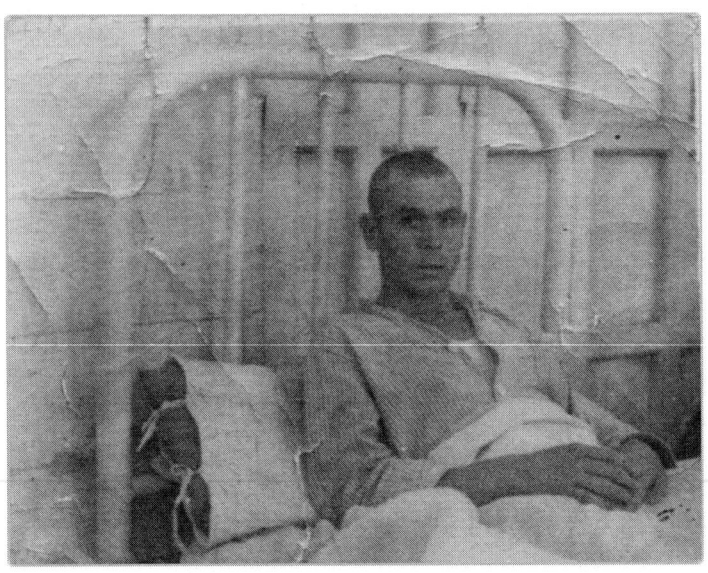

Salí de la sala acompañado de un cabo primero, que me llevó al cuartel para recoger mis pertenencias y los papeles que acreditaban mi inutilidad para hacer el servicio militar. Cuál no sería mi alegría cuando, además de irme para mi pueblo, vi el bolsillo lleno: las autoridades me pagaron siete duros nuevecitos en concepto de mensualidad.

El mismo cabo se quedó conmigo durante las dos horas de espera del coche de línea procedente de Cádiz, en la parada de Comes de San Fernando. Se lo agradecí obsequiándole con dos tabletas de chocolate y una cajita de cuchillas de afeitar que guardaba en mi talega.

Sorprendí a mis padres ya de noche, pues ni remotamente se planteaban mi regreso. Me costó conciliar el sueño; mi experiencia en la Marina, aunque muy corta, había sido intensa, pero mi cabeza ya no estaba en los cuarteles, sino en la calera y en la manera de tirar para delante de nuevo.

A la mañana siguiente me asomé a la calera y *Rosadito*, el nuevo dueño, nada más verme entrar y sin preguntar cómo me había ido en el cuartel, me espetó la orden:

—*Juan, ponte a trabajar.*

Y caí en la cuenta de que no solo los militares tienen el vicio de ordenar.

Mis padres me repetían que mi problema del habla era debido a la albúmina. Recuerdo que de pequeño se me hinchaban los pies y ¿qué creéis que hacía todas las mañanas al levantarme? Pues recogía mi propia orina en un tarro de lata, lo llenaba con un poco de agua y lo ponía a hervir en una candela. Después introducía el tarro en agua fría y, cuando comprobaba que el contenido estaba frío, miraba el poso: si tenía asiento, se confirmaba la presencia de albúmina en la orina; si no, la albúmina había desaparecido.

Así me llevé muchas mañanas, hasta que la hinchazón de las piernas fue remitiendo. Aquella prueba se la oí contar a un hombre mayor; tomé nota del procedimiento y la apliqué hasta que me puse bien, sin necesidad de ir al médico. Confieso que he visitado al médico pocas veces en mi infancia y juventud; incluso las heridas me las he curado yo, y no han sido pocas.

Que no falte la animación ni la fiesta

1950 fue un año de inauguraciones, como la del cine Avenida, que abrió sus puertas con la proyección de su primera película, *La miel es mucha*, protagonizada por Fernando Fernán Gómez y Sarita Montiel. Pero la inauguración más sonada en Barbate tuvo lugar a finales de octubre de 1950, con la apertura de un bar en la carretera del Faro cuyo dueño era Antonio Soler, hijo del *Cojo Soler.*

Sin lugar a dudas, fue el mejor bar de todo Barbate; todo el mundo desfilaba por allí. Lo mantenían abierto prácticamente todo el día, organizado en turnos de mañana y de noche. El éxito del local residía en una pequeña orquesta formada por músicos de la banda de Sabal, que amenizaban las veladas con trompeta, saxofón, clarinete y algún otro instrumento de viento. Una riada de barbateños bajaba por la calle Zapal para llegar al bar, a oscuras y dando tropiezos por la ausencia de alumbrado público. La ocasión lo merecía para disfrutar de una copa de vino, cerveza, coñac, anís o aguardiente mientras sonaban agradables pasodobles.

La calle Zapal era una vía muy transitada por la gente del pueblo para dar el paseo. En las noches de verano se transformaba en dormitorio, porque los zapaleños sacaban los colchones a la calle y dormían a cielo abierto. También había tanta animación de niños y muchachos jugando a los tres saltos, también conocido como *enclaras*, que los paseantes se detenían para ver cómo se lanzaban sobre las espaldas encorvadas del equipo contrario. En aquellos años la vida se hacía en la calle; nadie se metía con nadie y, a pesar de lo dura que era la vida, disfrutábamos mucho más que ahora.

La Navidad también se celebraba en la calle, como aquella Nochebuena de 1950 en la que nos juntamos cuatro amigos, saltando de casa en casa entre anises y buñuelos, cantando villancicos desafinados y, por último, bailando en el bar del hijo del Cojo Soler, igual que otros muchos barbateños. A las seis de la mañana terminamos agotados, revoleados en un pajar junto a unos borricos; el escenario no podía ser más navideño:

¡Ring, ring! Entre paja y un borrico,
parecíamos los pastores del portalico.
¡Ring, ring!

Nos levantamos con solo tres horas de descanso en el cuerpo, el pelo enmarañado y la resaca de una Nochebuena muy buena. Uno de nosotros tuvo una idea brillante y propuso:

—*Ompare, ¿y si vamos a la Barca de Vejer a comer?*

Dicho y hecho. Cogimos dos bicicletas —porque dos de nosotros no sabíamos montar— y, subidos en el cuadro, salimos los cuatro en dirección al Ventorrillo de Benítez, en la carretera de Algeciras. El viaje se nos hizo eterno; parábamos cada dos por tres para descansar, en parte por el exceso de carga y también por las energías gastadas la noche anterior.

Cuando por fin llegamos, nada más entrar gritamos bien alto:

—*¡Pónganos dos conejos!*

Y para refrescar el gaznate, una botella de vino y un kilo de pan para mojar. Todo sumó siete duros. La vuelta la hicimos en el mismo medio de transporte, con la suerte de no sufrir ningún *zarpajazo*. ¡Poco contentos que íbamos! De esto hace ya sesenta años, y todavía conservo el regusto del conejo en la boca.

Picar piedras o morder el anzuelo de una caballa

En 1952 abandoné la calera porque disminuyó el volumen de trabajo y tuve que abrirme a otras labores, aprovechando todo lo que me salía. Durante unos meses

Carretera del Faro (actual avenida del Faro)

Cuesta de Emilita Luna

1. El Faro Antiguo.
2. Las piedras del Castillo.
3. Casa del Chunguito.
4. Casa del Cojo Pareja.
5. Bar Miramar.
6. Casa de Escobar vecino de Quintanar de la Orden.
7. Garaje. De aquí, mi padre y yo cargamos arena para la construcción del cine de Antonio Soler; recibimos 2 pesetas por cargar un camión Dodge.
8. Casa de Paquita La Gavina.
9. Tienda de Paco El de Lucas.
10. Saladero de Juan Quintana donde trabajaba El Fogonero.
11. Almacén de Antonio Soler.
12. Fábrica de sardinas arenques de Antonio Soler y Pepe Aragón.
13. Fábrica de conservas de Pérez y Feu.
14. Tienda de comestibles de Antonio Soler.
15. Casa donde viví hasta 1954, esquina de Cuesta de Emilita Luna.

16. Aguja Palá.
17. Casa de Juanito Miranda.
18. Casa de Salvadora, construcción de madera.
19. Tienda de Antonio Aragón.
20. Tienda de Brígida.
21. Casa de Juan el de Herminia.
22. Casa de Victoria, tía de mi mujer.
23. Tienda de José el de Lucas.
24. Tienda de mi tía Paca la Camiona.
25. Tienda de La Gabina.
26. Tienda de Gabriel; en 1950 se abrió el bar de Antonio Soler.
27. Tienda de Felipe, hijo de Paquito el de la calera.
28. Casa de Antonio Alcalá.
29. Tienda de Diego Machaco.
30. Casa de María la de Gravia, donde vendía boniatos cocidos.
31. Calera donde trabajé desde 1946 hasta 1952.
32. Casa de Velasca.
33. Casa de La Pajarita.
34. Casa de la Ritica, cuyo dueño era mi amigo y compañero Juan La Mona.
35. Cine de Antonio Soler: en agosto de 1946 murieron dos personas durante su construcción; todavía permanecen sus paredes.

trabajé en la fábrica de conservas de Alejandro Romero Osborne: descargaba las caballas de los camiones y las porteaba hasta la zona de cocción. Una vez retiradas las cabezas y las tripas, estas se prensaban para extraer el aceite y los residuos se metían en sacos de ochenta kilos. Después los cargábamos de nuevo en camiones con destino a El Puerto de Santa María, donde se ubicaban las fábricas para la elaboración del guano.

Recuerdo algunas madrugadas en la Lonja Vieja, a la espera de los barcos procedentes de Punta La Isla, para cargar el pescado y llevarlo a la fábrica. Ganaba dieciocho pesetas por ocho horas de trabajo; los días que ganaba algo más era porque hacía horas extras.

Otro día descargué un barco cargado con setenta toneladas de carbón. Mediante espuertas de cincuenta kilos transporté el carbón hasta el Consorcio; aquel día gané siete duros.

Desde enero hasta abril de 1953 trabajé en una cantera próxima a Barranco Hondo. Durante veinte días cargué y descargué piedras de los camiones del mismísimo Agustín Varo, alcalde de Barbate, que se destinaban a distintas obras del pueblo; ganaba un duro por viaje. Los tres meses y medio restantes me dediqué a dinamitar y a machacar piedra con ayuda de barrenas y un porrino; formábamos un total de nueve machacadores. Aquella piedra se destinaba a la construcción del nuevo puerto pesquero y nos pagaban cinco duros al día.

Tras mi experiencia en la cantera, durante un par de semanas trabajé en la fábrica de Aniceto Ramírez Rey. Allí me introducía en una pileta con capacidad para albergar hasta doscientas cajas de sardinas y, con ayuda de un bombillo y de mis propias manos, desenterraba las sardinas cubiertas de sal. Las manos y los brazos se me ensangrentaban por el roce y el escozor era insoportable.

Una vez sacadas, aclaraba las sardinas con abundante agua, las dejaba escurrir y las estibaba en barricas redondas para prensarlas; por último, las tapaba. El trabajo concluía con la carga de las barricas en camiones. Aquellas fueron las últimas sardinas que la fábrica de Aniceto Ramírez Rey elaboró para salazón.

El colectivo de lavadores

Desde 1953 hasta 1957 trabajé en el saladero de Ambrosio Dávila, exportador de pescados. A partir de este trabajo debuté en el grupo de los lavadores, trabajadores dedicados a las múltiples tareas que surgían en los saladeros. Nos diferenciábamos de los trabajadores de la Colla, consagrados únicamente a la carga y descarga del pescado desde el muelle hasta los saladeros o a pie de camión.

Ambrosio Dávila tenía como socio a Antonio *el Morito*, hábil negociante de casas y coches de segunda mano y uno de los que más dinero cosechaba en el pueblo, y al hijo de este, Manuel *el Morito*, que llevaba la contabilidad del negocio.

Con una cuadrilla de cuatro jornaleros —Manolito *el Higuereño*, Jesús, mi hermano Manuel y yo— nos empleábamos fundamentalmente en la carga y descarga de pescado y nieve, con jornadas sin horario fijo, sujetas únicamente a la entrada de barcos y camiones a cualquier hora del día o de la noche. Se trabajaba a destajo y se cobraba por caja trabajada, a tres reales cada una, a repartir entre los cuatro lavadores.

Era un sistema de pago muy precario, que no garantizaba seguridad en el sueldo, pues dependía exclusivamente de la entrada de pescado en la lonja, bien por mar o por tierra. Particularmente temíamos los temporales de viento fuerte, porque podíamos estar veinte días sin ver una sola peseta por la paralización de la pesca. Este sistema estaba implantado en los ocho saladeros que configuraban la Lonja Vieja de aquellos años.

El único que podía adelantar algo de dinero cuando el trabajo escaseaba era Antonio *el Morito*, que luego lo descontaba cuando se reanudaba la actividad. Yo nunca le pedí dinero prestado, porque procuraba buscarme la vida con otros encargos fuera del saladero.

Me hartaba de trabajar y ganaba muy poco. Los sábados y domingos, como no había movimiento de mercancías ni mercado, el pescado se mantenía refrigerado con nieve en el saladero a la espera del transporte, y nosotros nos quedábamos sin ver ni una sola peseta.

Los años mozos de la Lonja Vieja

Recuerdo la Navidad de 1953, en la que, tras una noche de fiesta, entró en el puerto un barco llamado *Segundo Benito* con trescientas cajas de boquerones y sardinas revueltas, y permanecimos el día y parte de la noche separando especies.

Tras una larga espera llegaron, ya de madrugada, camiones de Antonio Burgos repletos de hielo desde San Fernando. Les quitamos la nieve y los volvimos a cargar con cajas de pescado, tarea que nos ocupó muchas horas.

Las jornadas en este tipo de faenas se extendían desde muy temprano hasta bien entrada la madrugada, pero se pagaban igual: a tres reales por caja de pescado, sin importar el número de horas, la nocturnidad, los fines de semana o los festivos. En verano era habitual acabar a las tres o cuatro de la mañana y, como no parábamos en casa ni para comer, mi madre nos traía el almuerzo a mi hermano y a mí.

Cuando los barcos procedentes de Marruecos traían boquerones y sardinas revueltas, había que separarlos. El proceso era muy arduo: arrojábamos el pescado en recipientes muy grandes con salmuera para que flotara y así facilitar la identificación y la separación. Aun así, nos ocupaba todo el día y casi la noche.

Cuando terminábamos temprano, en torno a las diez de la noche, los lavadores nos íbamos a tomar algunas tapas a la freiduría de Napoleón, situada en el Río Viejo, cerca de la actual plaza de los Seis Grifos. Allí servían frituras de morena y caballa en adobo, y con un papelón de medio kilo y una botellita de vino hacíamos la cena. Aquella freiduría cosechó mucho éxito entre los barbateños. Quien ha probado la morena frita sabe que, cuanto más torradita, más

*Camiones en la Lonja Vieja (Fuente: III Muestra de Imágenes
Tradicionales de la Pesca. Editado por la Consejería de Agricultura y
Pesca de la Junta de Andalucía)*

buena está; hoy la gente no la quiere porque no tolera las pullas ni la parte gelatinosa que tiene.

1953 fue un año de bonanza para la pesca en Barbate. De Cádiz entraban diariamente muchas sardinas que compraban las fábricas conserveras para la salazón. De Marruecos llegaban boquerones que se exportaban, sobre todo, a Madrid. El precio de la caja de boquerones era escandalosamente barato —treinta duros—, pero aun así se ganaba dinero y todos, incluidos los marineros, quedaban tan contentos.

La actividad industrial en el pueblo era frenética. Las chimeneas de las ocho fábricas conserveras instaladas en Barbate no dejaban de echar humo y el sonido de las sirenas, avisando de la entrada y salida del personal, era el distintivo de aquel esplendor económico. En el Consorcio

Nacional Almadrabero llegaron a trabajar más de seiscientas personas. Las fábricas que funcionaban entonces eran: el Consorcio Nacional Almadrabero, Aniceto Ramírez Rey, Alejandro Romero Osborne, Los Crespo, Pérez y Feu, Los Gallardo, *el Estanquero* y *los Masones*.

Las capturas de atunes también eran elevadísimas y su exportación, sobre todo a Italia, muy destacada. Los atunes troceados y salados se metían en barriles de quinientos kilos y se transportaban a Cádiz en grandes barcos, como El General Rocha y Pérez Lila; desde allí salían al exterior. Estas naves atracaban en la Lonja Vieja y desembarcaban grandes pipas llenas de un fino aceite para uso conservero; a la vuelta se llevaban el atún.

Otro momento crucial y emocionante en la Lonja Vieja era cuando los almadraberos esperaban de noche el pleamar para desembarcar los atunes. Era tal el hervidero de criaturitas que se agolpaban para ver la descarga que me emociono con solo contarlo. Aquello era un espectáculo digno de ver.

En la temporada del atún también se capturaban muchos meros, apresados por barquillas que utilizaban las tripas del atún como *carná*. Cada bote pescaba siete u ocho meros muy grandes. Casi todos se destinaban a Madrid, donde mejor se pagaban; se decapitaban y se exportaban los cuerpos. Recuerdo que *los malagíes* de Vejer —*Sarapico, el Viaje, el Indio* — compraban las cabezas. Cuentan que el alcalde de Vejer, al escuchar sus voces, se acercó y preguntó:

—*¿Qué coño de pescados son estos que no tienen cuerpo?*

—*Son cuerpos de meros, señor alcalde, que van para Madrid* — respondió uno.

—*Pues donde esté el cuerpo, que también vaya la cabeza*—replicó.

La ocurrencia quedó como latiguillo entre los lavadores y la repetíamos cada dos por tres sin venir a cuento. Así que, por si aún no ha quedado claro: donde esté el cuerpo, que vaya la cabeza.

(Fuente: Barbate, Imágenes de ayer)

13. *El Consorcio.*
14. *Casas del Consorcio. Almadraberos de Isla Cristina, Ayamonte y Huelva. Vivían en su interior; tenía un patio muy grande.*
15. *Bar de Joselito Ponce.*
16. *Máquina Sierra: cortaban la madera destinada a la construcción de barcos.*
17. *Pósito Pescador.*

La Chanca

1. *Lonja Vieja.*
2. *Taller de Manolo Mainez.*
3. *Almacén de Manolo Cid donde se arreglaban cajas de pescado.*
4. *Tienda de bebidas de Juan Cabeza.*
5. *Tienda de bebidas de Soledad la del Práctico.*
6. *Almacén de Gregorio Moreno donde se hacían y arreglaban cajas para el pescado.*
7. *Bar de Gregorio Moreno donde parábamos todo el personal de la lonja y los saladeros.*
8. *Ferretería de Manolo Mainez.*
9. *Tienda de Abelardo, persona de avanzada edad que trabajaba las 24 horas del día.*
10. *Máquina Sierra donde botaban los barcos.*
11. *Quiosco de Sebastián el de la Parada. Hacía un café de máquina exquisito.*
12. *Taller de Diego Barrientos. También se dedicaba a la construcción de barcos.*

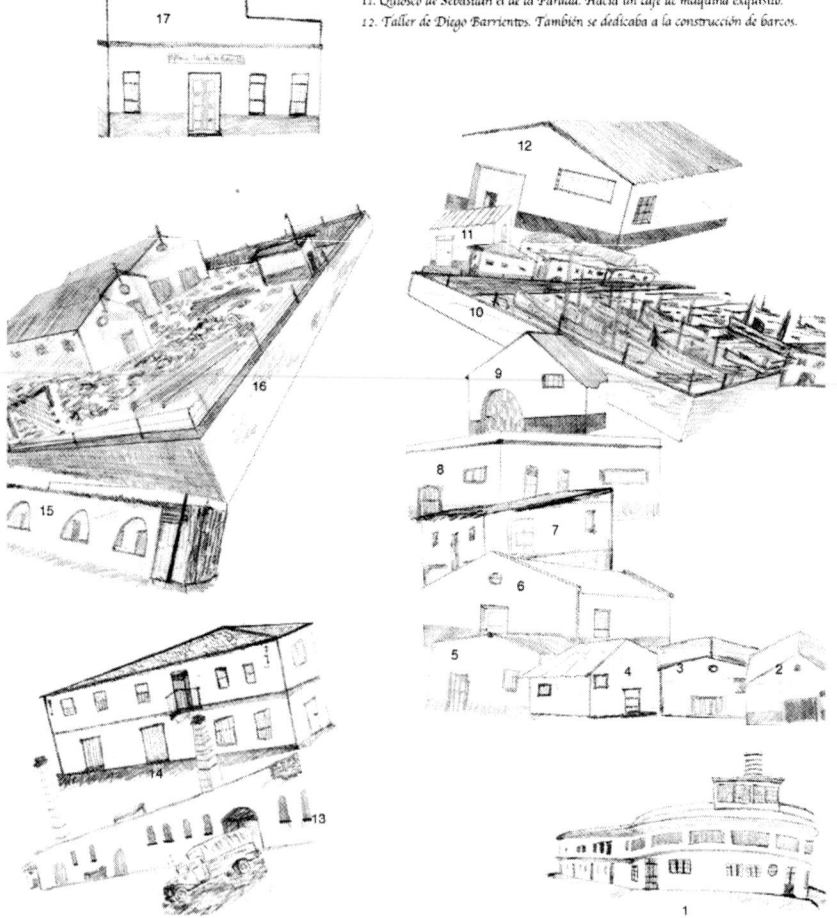

Calle del Río Viejo

15. Pósito Pescador.
16. Tienda de bebidas.
17. Salón de los Galindo donde arreglaban las artes de los barcos; eran propietarios de tres barcos: Torregracia, Domínguez Aranda y Feria del Océano.
18. Salón de los hermanos Reyes. Eran cinco hermanos y guardaban muchos enseres de los barcos.
19. Tienda de bebidas de José Lallo. A su padre le llamaban Juan Chana. Allí escuchábamos los discos de Rafael Farinas en 1954.
20. Ferretería de Don Patricio.
21. Freiduría de Napoleón donde ponían la caballa y morena frita muy buena.
22. Tienda de Matteo. En la esquina del barme ponía a vender piñones de La Breña.
23. Llano de la futura plaza de los Seis Grifos.
24. Garaje de Antonio El Morito.
25. Tienda de bebidas de José Troyano padre.
26. Comedor social; dieron de comer a muchos barbateños en los años 40.
27. Tienda de bebidas de Juan Troyano, tío de José Troyano hijo. Íbamos a tomar el té de madrugada a la espera de camiones.
28. El Palenque, donde El Titi vendía frutas.
29. Tienda de bebidas de José Carabina.
30. Bar de Rebollo.
31. Tienda de Mariano. Este señor emigró a América y a su regreso montó la tienda.
32. Tienda de bebidas de Pepe Rubio, esquina con la calle Real.

1. Taller de Diego Barrientos.
2. Patio de Diego Barrientos.
3. Casa de Rosado.
4. El Sanatorio; vendía el litro de vino muy barato y siempre estaba lleno de gente.
5. Nave.
6. Taller de Manolo Mainez.
7. Llano donde las lanchas vendían el pescado.
8. Quiosco de Tomás Guevara donde vendía boniatos cocidos y asados.
9. Almacén de Aniceto Ramírez Rey destinado a la fabricación de tabales para las sardinas arenques. Aquí trabajé algún tiempo poniendo los aros a los tabales.
10. Salón de Aniceto donde se estibaban las sardinas arenques.
11. Fábrica de hielo.
12. Salón dedicado a estibar el pescado fresco para fuera.
13. Tintadero de Antonio Cid donde el personal cinematográfico de la película Fedra celebró la Nochebuena en 1954.
14. Fábrica de conservas El Estanquero.

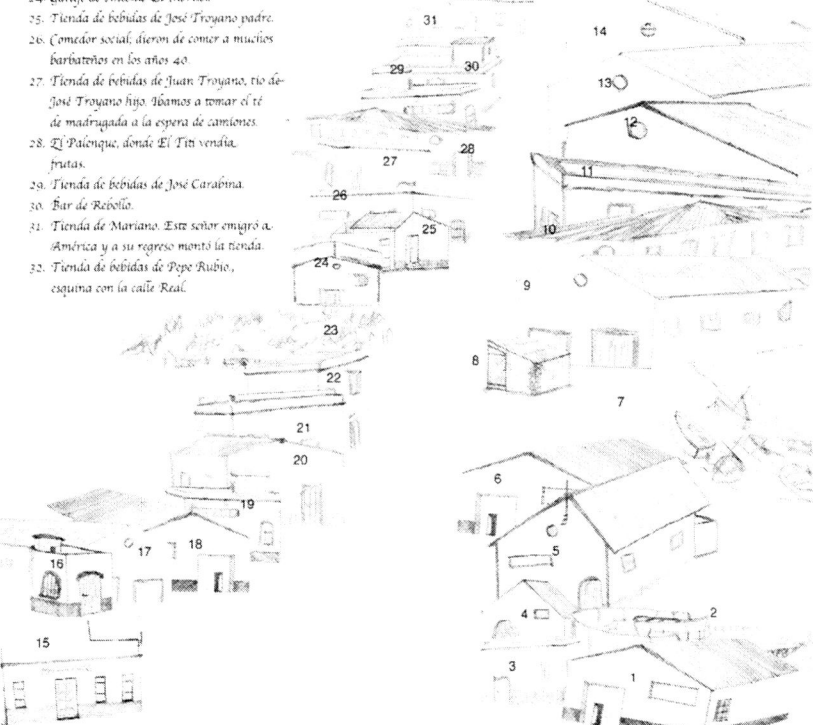

Del atún no quedan ni las migajas.

Las salinas de Barbate, situadas al otro lado del río Barbate, producían la sal necesaria para el Consorcio Nacional Almadrabero. Recuerdo una *levantá* de dos mil atunes del revés, cuyo destino fue la salazón y para la que se necesitó una cantidad ingente de sal. En Barbate es bien sabido que el atún del revés no es igual que el de derecho: este último se pesca de mayo a junio, y los del revés, de junio a septiembre.

Las fábricas de conservas se desprendían de ciertas partes del atún, como las parpatanas, las agallas y las faceras, y las acumulaban en barcos para arrojarlas al mar. Sin embargo, un gran número de barbateños rescataba esos restos para su propio consumo. Las huevas de leche eran otra parte del atún que el Consorcio no trabajaba y de la que se desprendía, ofreciéndolas a sus trabajadores. Mi padre, que trabajó en el Consorcio, las aprovechaba en muchas ocasiones, y mi madre las cocía y freía.

¡Daba regalo comerlas!

Un tal José Malía, el del vino —llamado así porque comerciaba y transportaba licores en una calesa—, se apropiaba de un gran número de huevas de atún que destinaba a Chiclana. Como era amigo de Ambrosio Dávila, solicitaba nuestro servicio para cargarlas en su calesa, aunque nunca recibimos remuneración alguna por el trabajo realizado.

Poco tiempo después, el Consorcio empezó a disponer las huevas en cajas para su venta en la misma lonja. Había algunas que alcanzaban hasta once kilos de peso. Hoy, el precio de las huevas de atún es desorbitado, y llama la atención que antes no se valoraran como se hace ahora.

El matarife del saladero

El volumen de pesca en Barbate alcanzó cotas muy elevadas, que fueron disminuyendo progresivamente a partir de los años setenta, debido a las limitaciones que Marruecos impuso a las capturas. Hasta entonces, los camiones entraban y salían de Barbate con destino a toda España. Recuerdo el nombre de algunas compañías de transporte, como los autocares de *Donato Cuesta* y los transportes *Vite Muñoz*.

Por aquellos años se pescaba muchísimo calamar, mero, aguja palá y safío o congrio; todo este pescado salía con destino a Madrid. Los barcos que faenaban por Agadir regresaban con grandes cantidades de corvinas. Recuerdo que, en una ocasión, el propietario del saladero compró trescientas corvinas y me encargué de limpiarlas durante toda una noche: quitarles las tripas, las cabezas y las huevas, que me quedaba para curarlas en casa.

Se aprovechaba todo lo que tuviera forma de pescado. Incluso de los delfines se extraía prácticamente todo: su asadura negra era tan apreciada como la de los cerdos y su carne se destinaba a mojama. En una ocasión nos llegó un cargamento de quince delfines vivos y los metimos en el saladero para sacrificarlos al día siguiente. La huella que dejaron en mi memoria aquellos delfines llorando no se borrará nunca: sus lamentos eran muy parecidos a los de los humanos. Hoy cuesta asumir el sacrificio de unos animales tan inteligentes.

Por el mes de mayo, cuando entraban melvas, les quitaba las cabezas, las abría por la mitad, las salaba y las metía en cajas para enviarlas frescas a Madrid. Otros exportadores las mandaban a Valencia y Alicante, después de mantenerlas en sal durante quince días. Las melvas se capturaban tanto en las almadrabas como en las marrajeras.

La aguja palá, o pez espada, era otra especie que llegué a manipular y despiezar a la perfección. Al río se arrojaban las partes de este pescado que nadie aprovechaba, como las huevas, los corazones y los grilletes. En una ocasión recibí el encargo de José Troyano, que fue mi jefe a partir de 1957, para que le comprara siete agujas palá. Le compré una de cien kilos por trescientos duros, lo que venía a salir a tres duros el kilo.

Tras el despiece de la aguja palá, recogía las partes que nadie quería para curarlas en mi casa. Tenía instalado un tendido donde curaba, además de restos de aguja palá, toda clase de pescados: caballa, jurel, huevas de corvina, bonito y otros. Disfrutaba con mi propio saladero doméstico, una afición que mantuve hasta 1968.

Con un grupo de compañeros de la Lonja Vieja

El pescado curado se cortaba en pedacitos para disfrutarlo cualquier noche, sobre todo en las noches de feria, sentado a la mesa de algún bar con una cerveza en la mano. Hoy nadie creería que las centollas apenas se apreciaban y se consumían poquísimo.

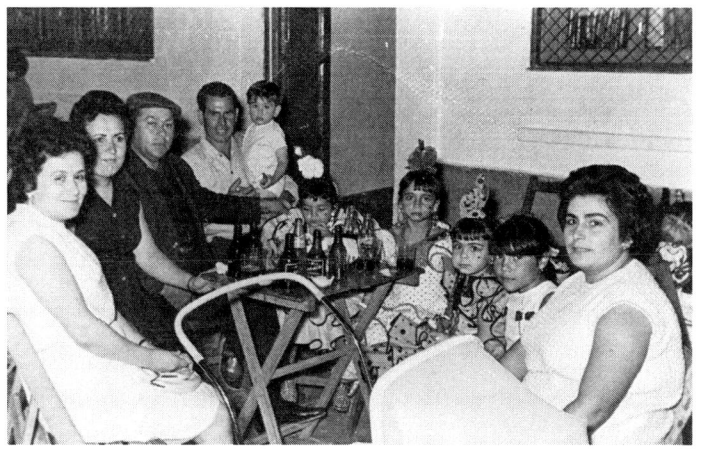

Pepita la Gabina (1i), Paca la Gabina (2i), Manuel Pacheco (3i), yo (4i), Josefa mi mujer (1d), Juani Gil la prima de mi mujer (2d) e hijos, en una noche de feria.

Un año de película

En 1954 comenzó el rodaje de la película *Fedra*, dirigida por Manuel Mur Oti y protagonizada por Emma Penella, Vicente Parra, Raúl Cancio y Enrique Diosdado. Dicha película podría haber pasado desapercibida para mí si no fuera porque parte de su grabación se realizó en Los Caños de Meca. Durante unos meses, Los Caños fueron colonizados por un considerable número de técnicos cinematográficos y actores de la época.

Un día, el grupo del saladero organizó una excursión para curiosear en los entresijos del rodaje. Nos desplazamos en un camión *Tamer* conducido por Pepe Sánchez, de Conil; íbamos Ambrosio Dávila, Manuel *el Morito*, Francisco González, Juan *el Estanquero* y yo: tres en la cabina y otros tres en el cajón trasero. Por entonces no existía la carretera de los Caños; solo había un camino de tierra muy estrecho que atravesaba el campo y obligaba a detenerse y maniobrar marcha atrás cuando se cruzaban vehículos, hasta encontrar algún ensanchamiento donde ceder el paso.

Nos fuimos directos al Cabo Trafalgar donde entablamos conversación con el farero, que nos invitó a subir. La vista panorámica desde lo alto del faro era magnífica: la costa de Marruecos casi se podía tocar y también se divisaban los barcos de Barbate procedentes de Cádiz, muy pegados a la costa para protegerse del fuerte oleaje; suerte que los patrones barbateños sorteaban con mucho conocimiento los peligros de la zona.

Concluida la visita al faro, paramos en un chiringuito para refrescarnos con unas cervezas y, mira por dónde, entró un sargento de la Guardia Civil. Nos saludó dándonos la mano y, como si nos conociera de toda la vida, se puso a darle al palique mientras bebíamos y comíamos. La tertulia duró toda la tarde y, entre *"echa una copa más"* y *"esta la pago yo"*, salimos del local ya entrada la noche. La institución de la benemérita no quedó muy bien parada ante el estado de embriaguez del sargento.

De noche regresamos a Barbate y prometimos ver a los actores de *Fedra*, pero desde la butaca del cine.

El rodaje continuó hasta la Navidad de aquel año, con la permanencia del equipo técnico y de algún que otro actor por Barbate y sus aledaños. El equipo de filmación organizó una fiesta en uno de los tintaderos de la avenida del Río

Viejo, el de Antonio Cid, que se decoró y engalanó con mucho gusto para la ocasión. El acceso estaba restringido al personal de la película, pero aun así el lugar estaba muy concurrido; desde fuera se oía la música de una orquesta que sonaba estupendamente.

Atraídos por la música y por el encanto del séptimo arte, el grupo de amigos formado por Diego Pacheco, Juan Manuel —hijo del *Chelito*—, Manolito *el de la Ica* y yo nos acercamos a la puerta con la intención de entrar. Estaba cerrada a cal y canto; llamamos muy tímidamente y, sorprendentemente, nos abrió Antonio Lara, más conocido como *el Cojo Lara*, que nos dejó pasar sin hacerse de rogar.

¡Vaya ambiente había en la fiesta! Por allí desfilaban Raúl Cancio, Enrique Diosdado y todo el elenco de actores secundarios y técnicos. Bebimos vino y anís —bebida favorita, y no solo porque fuera Navidad—. Aquella Nochebuena fue diferente. ¡La pasamos de cine!

No solo de pan vive el hombre

El ocho de octubre de 1955 se celebró una concentración de trabajadores de la provincia en los astilleros de la Zona Franca de Cádiz. El motivo del evento no era baladí: la visita del ministro de Trabajo, José Antonio Girón de Velasco.

El alcalde de Barbate, don Manuel Gallardo Montesinos, dispuso una flota de camiones para que los barbateños acudiéramos a tan "honorífico" acto. La mitad del pueblo decidió ir y la otra mitad quedarse. Cada camión transportaba entre veinticinco y treinta personas, todas hacinadas pero muy ilusionadas, no tanto por escuchar al ilustrísimo personaje como por disfrutar de una excursión a Cádiz.

Algunos camiones se averiaron por el camino y no llegaron a su destino, y todo porque eran vehículos ya muy trillados por el transporte de pescado. Un grupo de amigos —Diego Pacheco, Antonio *el Mellizo*, Diego Corriente y yo — decidimos apuntarnos a la aventura y, de paso, echar el día en Cádiz.

Cuando por fin llegamos a la capital, tras dos horas de viaje, un nutrido grupo de barbateños, cercano a los doscientos, desembarcó en la Zona Franca. Mis amigos y yo, aprovechando el descontrol de la muchedumbre, autobuses y camiones, nos escabullimos de la masa obrera con la intención de librarnos del acto y escapar al centro.

Pero cuando íbamos encarrilados por una de las calles de la Zona Franca, se nos plantó el propio alcalde en mitad de la carretera y, con un gesto de autoridad bastante sonoro, exclamó:

—*¡Eh! ¡Psss! ¿Y ustedes a dónde vais? ¡Venga p'a la Zona Franca a escuchar al ministro!*

Allí nos quedamos los cuatro, más tiesos que una vara. Sin mediar palabra, dimos media vuelta y regresamos al encuentro del señor ministro.

Una vez terminado el discurso, ya hombres libres —si alguna vez lo fuimos—, alcanzamos por fin el ansiado Cádiz, junto a otro grupo no pequeño de barbateños. Visitamos a unos parientes que vivían cerca de la plaza de Abastos y que regentaban un puesto de churros en el mismo mercado. Tras la breve visita, decidimos comer algo: compramos unos panes y un cuarto de mortadela y nos hicimos unos bocadillos que cayeron en la misma casa.

El resto de la tarde nos perdimos callejeando por *toíto* Cádiz. Se nos fue el santo al cielo y, cuando decidimos volver, nos sorprendió encontrar a un grupo de unos cincuenta barbateños que esperaban un milagro en la Plaza de España, en torno a una sola camioneta como único medio de regreso. Su conductor, un tal *Cañita*, tenía reservadas las dos únicas plazas para los armadores Manolo Cid y Antonio Reyes, y lamentó no poder llevar al resto porque el cajón trasero no tenía los tablones de protección.

Un gaditano, enviado del Señor, que paseaba por allí se extrañó al ver tantos barbateños a horas tan poco habituales y nos comentó amablemente que había reconocido a nuestro alcalde paseando con su señora por la calle Ancha. Le agradecimos la información y, como expedicionarios de una causa perdida, organizamos la búsqueda nocturna del alcalde por el Cádiz de octubre.

Una comitiva de cuatro —entre ellos yo— nos dirigimos directos a la calle Ancha, convencidos de que quien nos había llevado a Cádiz también nos traería de vuelta a Barbate. Tuvimos suerte y localizamos a don Manuel Gallardo en la misma calle. Por la forma en que nos dirigimos a él comprendió enseguida que veníamos a pedir ayuda:

—*Buenas noches, don Manuel. Ahora mismo hay cincuenta barbateños en la Plaza de España sin saber cómo volver a Barbate...*

Escuchó el relato y nos tranquilizó:

—*No os preocupéis, voy a hablar con Transportes Comes a ver qué puedo hacer. Mientras tanto, esperad en Puertas de Tierra.*

Al cabo de una hora, un autobús de línea atravesó las murallas y nos recogió allí mismo.

El viaje de regreso transcurrió en silencio, solo interrumpido por el rugido del motor del autobús. En mi cabeza resonaban las palabras de ánimo, esfuerzo y entrega del señor ministro para la clase obrera, frente a los días que se nos avecinaban:

"La carrera hacia el bienestar de los hombres ha comenzado... España no necesita solo obreros bien alimentados y bien tenidos físicamente... quiere obreros fuertes y obreros dignos... pero, sobre todas las cosas, obreros libres... que hayan roto los grilletes de la ignorancia... liberados por la cultura universal, que os pertenece como os pertenece el aire..."

Llegamos a Barbate a la una de la madrugada, con el estómago vacío, porque el bocadillo de mortadela pasó a mejor historia... como el discurso del ministro.

Prendado de una estibadora

Se me viene a la memoria el domingo 29 de enero de 1956, día que amaneció maravilloso porque vi pasear a la muchacha que llegaría a ser mi señora. Lo hacía con su amiga Antonia *la Melona*. Me acerqué a ellas con la intención de charlar y unirme al callejeo. Cada instante de aquella caminata se volvía más placentero y, enturbiado por el frenesí y la improvisación, aquella misma tarde quise sorprenderla con una invitación: corrí a la taquilla del Cine Avenida para comprar tres entradas para la sesión nocturna.

Tres entradas sumaban nueve pesetas: una para mi pretendida, otra para mí y otra para *el remolque*. Era costumbre por entonces que la pretendida se acompañara de una amiga durante el tiempo que duraba el galanteo, hasta que el noviazgo se consolidaba. No importaba llevar remolque; se asumía con total normalidad en la vida social de Barbate.

Merodeé su casa y callejeé el pueblo toda la tarde, hasta bien entrada la noche, esperando sorprenderla y agasajarla. Me harté de dar vueltas y más vueltas por ver si salía. Me quedé como perro fiel bajo el alféizar de su ventana para susurrarle vente conmigo al cine, pero ni salió ni envió a mensajera alguna, para mi desánimo. Raudo me fui a la puerta del cine, antes de que empezara la sesión, para vender las entradas; por suerte, una pareja —con remolque incluido— me las compró.

Mi pretendida hacía a diario el camino del Consorcio Nacional Almadrabero por la Lonja Vieja, pues trabajaba como estibadora en las fábricas de conservas. Cuando la veía a lo lejos, mientras cargaba cajas de pescado o descargaba nieve de algún camión, procuraba hacerme visible y, a fuerza de vernos cada día, olvidé el episodio del cine y la invité a salir en otra ocasión.

De remolque nos acompañaba su amiga Pepa Borrego, hasta que se echó un novio, Paco *Gasolina*, y de tres pasamos a cuatro. Frecuentábamos el Hostal, donde estaba el bar llamado la Oficina. Casi todos los domingos, tras la actividad comercial del mediodía en la Lonja Vieja, nos pedíamos unas gambitas y media botellita de *Carta Blanca*, vino muy popular por aquellos años. Casi siempre me tocaba cargar con el mochuelo, porque el novio de Pepa

Con mi esposa (d) y Juani Corona, prima de mi mujer (c)

Borrego entonces no ganaba ni una peseta; aun así, debo reconocer que yo solía adelantarme al pago de la consumición, rasgo que todavía me caracteriza.

Tenía la suerte de ver a mi novia todos los días, aunque fuera de paso camino de su trabajo, porque la jornada pocas veces concluía temprano, sujeta a la entrada de barcos y camiones en la lonja, casi a diario terminaba a las dos o tres de la madrugada.

El 13 de junio de 1956, día de San Antonio, murió el padre de mi novia y con él se acabaron los domingos por la tarde, los paseos, las gambitas y la Carta Blanca. Permanecimos sin salir algo menos de tres años, como señal de duelo por parte de su familia. Fue en 1959 cuando retomamos la relación de forma normal, ya como noviazgo formal; sus amigas, con sus novios, nos acompañaban en las salidas.

Un día de feria organizamos una comida en la Venta Duarte, en el cruce de Zahara, en la carretera general de Algeciras, próxima a otra venta llamada el Tejonero. Nos trasladamos en dos taxis, siete personas: Paquita *la Gabina*, su marido y amigo mío Manuel Pacheco, su hermana Lucrecia, Rosario *la Corriente*, su marido *el Tito*, mi esposa Josefa y yo. Pedimos el plato estrella de las ventas de carretera: arroz con conejo, tan bueno como el que habíamos degustado en el Ventorrillo de Benítez seis años atrás.

En las noches de verano acudíamos al cine Puerto o al cine Terraza, lugares donde era un regalo estar, a cielo abierto, y donde la fragancia del jazmín y de las damas de noche se mezclaba con el olor a maní en los dedos.

Mi mujer, estibadora de primera

A los doce años de edad, mi mujer comenzó a trabajar como estibadora en la fábrica de Aniceto Ramírez, alternando faena unas veces en el Consorcio Nacional Almadrabero y otras en la fábrica de Los Crespos y Romero Osborne. Saltaba de conservera en conservera, como los peces voladores: donde la llamaban, allí iba Josefa.

Pero fue en el Consorcio Nacional Almadrabero donde permaneció más tiempo, hasta 1961, año en que nos casamos.

Mi esposa perteneció al grupo de estibadoras de primera del Consorcio. Las latas que manipulaba se clasificaban como de gran selección y se enviaban al extranjero, sobre todo a Italia. Cada estibadora marcaba su propio número de identificación en la parte inferior de la lata mediante un pequeño sello de tinta, lo que permitía reconocer en todo momento a la persona que había intervenido en la manipulación de la conserva.

Cuenta mi mujer que algunos supervisores del proceso de producción tenían maneras muy despreciables de recriminar a las operarias. Recuerda especialmente a un tal Corrales, que protestaba con vehemencia cuando detectaba una conserva que no se ajustaba a los criterios de calidad del Consorcio y utilizaba términos insultantes para censurar a la trabajadora en cuestión.

Era un estilo de supervisión frecuente en muchas empresas de aquellos años, en los que la mayoría de los barbateños carecíamos de formación, pero no por ello de dignidad.

Estibadoras de conservas en el Consorcio Nacional Almadrabero (Fuente: III Muestra de Imágenes Tradicionales de la Pesca. Editado por la Consejería de Agricultura y Pesca de la Junta de Andalucía).

El desafortunado desencuentro en alpargatas

Había días con poca actividad en la Lonja Vieja; recuerdo uno en especial porque, ante el nulo movimiento de mercancías, los compañeros y yo decidimos dar una vuelta por el pueblo para matar el tiempo. Con la mala suerte de que nos dimos de bruces con los jefes: Ambrosio Dávila, Manuel *el Morito* y Antonio Ruiz, vendedor de pescados y propietario de un bar en Triana. Iban motorizados en tres vespas y lejos de esperar una reprimenda por ausentarnos del tajo, nos emplazaron a acompañarlos a Conil.

Manuel *el Morito* no hacía más que insistir para que yo fuera.

—*Pero Manuel, que tengo las alpargatas rotas* —le dije.

La excusa no le persuadió. Fui el único que accedió a acompañarlos, a pesar de no estar convencido de mi porte: una indumentaria roída, olor a pescado y unas alpargatas hechas polvo. Allá que nos dirigíamos el pelotón del saladero de Dávila, camino de reconquistar la Torre de Guzmán para que cayera rendida a nuestros pies… sobre todo a los míos, que iban bien visibles.

Conil siempre ha sido un destino privilegiado: por su riqueza, sus calles enrevesadas y patios, su historia y monumentos, su costa, su pesca y Almadraba, su tierra y sus cultivos. Aquel año, y de manera temporal, mi novia y su familia fijaron allí su residencia tras el fallecimiento de su padre unos meses antes. Habitaron en la casa de un primo hermano de mi futura suegra, Pedro Corona, más hermano que primo por la relación tan estrecha que mantenían. La madre de mi novia y su difunto esposo eran naturales de Conil, razón por la cual mi suegra eligió este pueblo para retirarse y recuperarse de tan dolorosa pérdida, habida cuenta de la muerte tan temprana de su marido, a los cincuenta años.

Cuando mi novia me vio asomar por la calle de la Palma, lejos de alegrarse por mi visita inesperada, lo primero que hizo fue bajar la vista hasta mis alpargatas y, con expresión de desagrado, soltarme:

—*¿No te da vergüenza venir así?*

Fue tal la decepción al oír aquella reprimenda que maldije no haber rechazado la invitación de mis jefes. Pero, ¿quién lo iba a saber?, ¡si a Conil no se va todos los días! El enfado me costó una buena bronca y, tras saludar a su familia —con algún que otro comentario jocoso de sus hermanos—, me reuní con mis compañeros en un chiringuito junto a la playa.

*Mi esposa (i), su prima Carmen(c) y una
amiga en Conil*

A la fiesta se unió Joaquín Hernández, transportista de San Fernando, y entre el gentío propio del verano nos dispusimos a comer una deliciosa corvina con tomate, que me alegró el espíritu y el estómago tras el fiasco con mi novia. El día sin pescado en la lonja fue sustituido por otro mucho más ocioso, con corvina incluida, a excepción del áspero desencuentro provocado por las dichosas alpargatas.

Excepcionalmente, algún domingo se disfrutaba de asueto precisamente porque aflojaba la entrada de pescado. Aprovechaba entonces la tregua para reencontrarme con mi novia en Conil. Después del almuerzo me vestía con un traje reservado para la ocasión, corbata y zapatos nuevos, dispuesto a tomar el coche de línea rumbo al pueblo.

La familia política aún conservaba en la memoria mi imagen desaliñada de hacía un año, con aquellas alpargatas y la ropa de faena. Pero esta vez, cuando crucé la puerta de la casa del primo de mi futura suegra, todos quedaron boquiabiertos ante mi elegante atavío.

Madera, papel, nieve y pescado: ¡la caja de pescado!

En 1957 cambié de saladero, de jefe y de compañeros. José Troyano fue el nuevo exportador, y Espejo *el Mudo*, Paco *el de Algeciras*, Borrego y Manduca, mis nuevos compañeros.

Mi cometido en el nuevo saladero no varió sustancialmente respecto al anterior; si acaso, alguna que otra actividad extra de carga, como la de las balas de papel utilizadas para cubrir el pescado en las cajas. Las balas, de cincuenta kilos, nos llegaban amarradas con alambre. Me las echaba a la espalda y las apilaba en la parte superior del saladero. Todavía guardo las cicatrices provocadas por la presión del alambre en los hombros. Con mucho sudor, lágrimas y tembleque de piernas y brazos, lográbamos subir las ciento cuarenta balas por una escalera de veinticinco escalones.

Este cargamento era semanal y constituía un trabajo durísimo, que realizábamos entre tres de la plantilla: *el Mudo*, Borrego y yo. Nos compensaban con treinta duros a repartir entre los tres.

Había que aguzar el ingenio y buscar dinero por donde fuera, no solo con la manipulación de pescado, nieve o papel, sino también con la madera necesaria para construir las cajas donde se metía el pescado. Cargamentos de tablones llegaban periódicamente en camionetas, listas para descargarse y almacenarse en el poco espacio libre que quedaba en el saladero. El precio a cobrar era el mismo que el de las balas de papel: treinta duros a repartir entre tres.

Después tocaba montar las cajas con la materia prima, tarea obligada en ausencia de pescado. Muchas noches permanecía en el saladero junto a otros compañeros golpeando puntillas sobre los tablones para confeccionar las cajas. Cada caja tenía un valor de seis gordas: sesenta céntimos de peseta. El martilleo constante rompía el silencio nocturno en la Lonja Vieja, solo interrumpido por los ladridos de los perros callejeros que merodeaban por las esquinas en busca de algún forraje con el que llenar la tripa.

Y así quedaba configurado el icono que mejor ha representado mi trabajo como lavador: la caja de madera con pescado, refrigerada con nieve amoniacada y cubierta con papel. Cuántas veces completé ese ciclo y cuántas cajas habrán pasado por mis manos rumbo a los muchos destinos de la geografía española.

Una noche permanecimos en el saladero cinco de la plantilla para elaborar una cantidad ingente de cajas. Para mantenernos activos y despiertos durante la larga madrugada, decidimos comprar cervezas, una botella de coñac, más de un kilo de pan y varios tentempiés. Cuál no sería nuestro pasmo cuando, al ajustar la cuenta, comprobamos que lo gastado superaba con creces lo que íbamos a cobrar por el encargo.

Entre martillazo y martillazo intercalábamos un sorbo de coñac con un bocado de mojama, chorizo o mortadela. Con el cansancio, la somnolencia y cierta torpeza etílica, más de uno, además del piscolabis, se llevaba algún martillazo en los dedos que no había alcohol capaz de anestesiar. Tan grandes eran los alaridos e improperios que lográbamos ahuyentar a los perros del arrabal.

Y así pasamos muchas noches: clavando puntillas y, alguna que otra, cogiendo puntillos.

Con compañeros del saladero de Troyano

Con hambre y sin derechos laborales

La nula cobertura económica ante la enfermedad constituía una de las grandes precariedades de la época. Así pues, si alguno de los lavadores caía enfermo, no veía ni un solo duro. Era una situación indignante, injusta e intolerable para todos nosotros.

En un ejercicio de solidaridad propuse a mis compañeros que, si alguno se ausentaba por enfermedad, fuera remunerado de igual manera que si estuviera en activo. Para ello, el monto de la ganancia diaria se dividiría entre los seis lavadores y se repartiría a partes iguales, incluido el enfermo. Todos mis compañeros aceptaron la propuesta, a excepción de otros saladeros de la lonja, que nunca la asumieron. Esta medida solidaria se mantuvo hasta 1974, año en que los lavadores nos integramos en la sección de la Colla.

Otro de los abusos a los que nos tenían acostumbrados algunos empresarios del sector era la falta de reparo en sustraer de nuestros dividendos una parte para introducir más mano de obra cuando lo consideraban necesario. Es decir, además de contribuir con el pago solidario al compañero enfermo, de nuestros bolsillos también salía el salario del sustituto. Así se las gastaban algunos empresarios de la época.

Los domingos de inactividad podían contarse con los dedos de una mano. Por lo general, el pescado también se vendía en domingos y festivos, y la actividad comercial y pesquera solo se suspendía cuando arreciaba el temporal y la flota permanecía amarrada a puerto. En ocasiones, el mal tiempo se prolongaba hasta veinte días seguidos y no se ganaba ni un duro, porque no gozábamos de sueldo fijo. Las pasábamos canutas por aquellos años: trabajando mucho y ganando poco. Es lo que había entonces.

En una ocasión capturamos una tortuga grande, de menos de un metro de largo. La limpiamos, le extrajimos la carne por los orificios, la guisamos y nos la comimos entre los del saladero. La carne de tortuga es muy oleaginosa, aunque recuerda al sabor de la ternera. Por mis manos llegaron a pasar hasta tres tortugas, y había que sacrificarlas con mucho cuidado, porque un mordisco de ese animal podía arrancarte un dedo. Pero se arrastraba tanta hambre en aquellos años que cualquier carne se convertía en un manjar.

En el saladero de Troyano también trabajaba su hermano, Manuel *el Moreno*, encargado de comprar el pescado y de contactar con los compradores. Gestionaba la compra del calamar y la preparación de esta especie para su exportación; se pagaba como trabajo extra. El abono por este servicio corría a su cargo, con la mediación del escribiente Manuel Aragón, responsable de la contabilidad del saladero y de custodiar el dinero.

En una ocasión, el Moreno nos compensó con doscientos cincuenta duros, a repartir entre seis, cantidad claramente insuficiente para la labor realizada. No era la primera vez que ocurría, pero aquella vez no pude contenerme y le dije:

—*Manuel, esto es muy poco dinero; este trabajo está muy mal pagado.*

Obtuve por respuesta un silencio absoluto. Una vez más, nos quedó la sensación de que a nuestras manos no llegaba lo que realmente nos merecíamos.

La jarampa: otras maneras de ganar un dinero

Mi jefe, José Troyano, estaba casado con una sobrina de Gregorio Moreno Conesa, conocido vendedor y exportador de pescados. Gregorio Moreno se encargaba de buscar compradores para un número determinado de barcos incluso antes de que el cargamento llegara a la lonja; otras veces compraba él mismo la mercancía y Troyano se ocupaba de buscar posibles destinatarios.

Fuera cual fuese la transacción, Gregorio Moreno era una persona muy influyente, hábil en el trato personal, rumboso en el convite y con mucha capacidad para los negocios.

Detrás del Ayuntamiento se escondía un bar cuyo propietario era un tal Antonio *el Bahía*, que servía como punto de información de los movimientos de la flota barbateña, ya que disponía de una emisora de radio. Una noche se notificó el desembarco de una cantidad considerable de caballas procedentes de uno de los barcos de la cartera de Gregorio Moreno. Éste nos solicitó, a Borrego, Espejo y a mí, que atendiéramos el cargamento en el espigón del futuro puerto de la Albufera.

Llegamos a las diez de la noche y, sobre los bloques de la escollera, nos aguardaban las cajas de caballas colocadas por los marineros de los pesqueros Paulino Escudo y La Gambea. Las cargamos en el camión que las trasladaría al saladero de Troyano. Nos ocupó toda la noche, pero, a pesar de lo intempestivo del encargo, se atendía cualquier solicitud con tal de ganar algún dinero extra.

A este tipo de subempleo lo llamábamos *jarampa*, y casi siempre garantizaba cinco duros en el bolsillo, que en esta ocasión llegaron hasta veinte. El patrón de La Gambea, Juan Piloto, nos obsequió además con una caja de caballas para cada uno. Todavía hoy tengo la suerte de ver a Juan Piloto pasear por Barbate.

Gregorio Moreno también nos buscaba para otras tareas de ámbito doméstico. Por aquellos años, el horario de suministro de agua estaba limitado: se abastecía desde las cinco de la mañana hasta las nueve de la noche. Más de una madrugada, mi compañero Espejo y yo acudíamos a su casa para regar el jardín. Nos remuneraba con cinco duros a cada uno, una vez por semana. La *jarampa* se aprovechaba de muchas maneras.

Mi buen amigo y compañero Ramón Alvarado, fallecido en 1999, y yo nos dedicábamos también a arreglar cajas de madera viejas y estropeadas fuera de la jornada del saladero. Las adquiríamos en distintos sitios: se las comprábamos a Guillermo, dueño de un puesto de pescado en Puerto Real, o recogíamos las que desechaban la fábrica de Aniceto o la fábrica de hielo, a través de mi amigo Chirino.

Pedro Petaca nos permitía almacenar las cajas en su saladero, y allí mismo las reparábamos. En una ocasión le vendimos quinientas cajas al barco María Ruiz, a sesenta pesetas cada una, y a muchos barcos más. Para sacar adelante este trabajo nos levantábamos muy temprano y, en apenas una hora, reciclábamos una buena cantidad antes de entrar al saladero.

Comida de inauguración de la compañía de transportes Tromoro. Alcalde Alfonso Bosch (1i), Padre López (2i), Gregorio Moreno (4i).

Esa muela tiene un precio

Una mañana de 1959 amanecí con un insoportable dolor de muelas. Me llevé toda la noche sin dormir, en un lamento continuo, con la cara hinchada y sin nada que me aliviara aquel suplicio. Desesperado, me embarqué en el primer coche de línea con dirección a San Fernando para visitar a un conocido dentista llamado Corona, con la esperanza de poner fin a tan atormentante dolor.

Tras la exploración, preparado para la extracción a cualquier precio, me comunicó que estaba contraindicada porque tenía infección y que había que tratarla con penicilina. En la década de los cincuenta, casi todas las infecciones se curaban con penicilina, porque prácticamente todos los bichos eran sensibles a ella y respondían muy bien a los tratamientos.

A la hora de pagar le pregunté cuánto le debía por la visita.

—*Cincuenta pesetas* —me respondió.

En ese momento no llevaba suelto y le entregué un billete de cien, con la decepción añadida de que el dentista tampoco tenía cambio.

—*Bueno, doctor* —le dije—, *cuando venga a quitármela en la próxima visita ya tengo la muela pagada.*

Y se quedó con la vuelta.

Por supuesto, no regresé, porque el tratamiento hizo su cometido y me olvidé por completo de la muela. Pero me queda la tranquilidad de que, si algún día vuelve el indeseable dolor, esa muela ya tiene precio.

¿Pollo o conejo?

En 1959 conocí a dos transportistas de Valladolid, Vicente y Bernabé, que permanecían en Barbate a la espera de la entrada de pescado en la lonja y también cuando los temporales imponían paradas prolongadas en la pesca. Los camioneros, en compañía de mi hermano Manuel, Chamaco, mi buen amigo Paco *la Caballa* y yo, cogíamos carretera adelante y recorríamos a pie los cinco kilómetros que separan el pueblo del Ventorrillo Mota para degustar el pollo con arroz que allí servían. La vuelta la hacíamos también andando, para aligerar lo comido y bebido.

Otro día encargamos dos pollos para los seis y una botella de Chiclana para aplacar la sed, junto a unas aceitunitas. Aquellas aves nos supieron buenísimas, porque el apetito no escaseaba y porque, en medio del campo, ¡daba gloria comerlas! La comanda ascendió a un total de doscientas cuarenta pesetas.

El 6 de febrero de 1960, la Vuelta Ciclista a Andalucía atravesó la Barca de Vejer en dirección a La Línea de la Concepción, procedente de Jerez de la Frontera. La mañana amaneció algo nublada; aun así, ni a mis amigos ni a mí nos amedrentaron las nubes y planeamos presenciar la etapa en primera línea, en el ya conocido Ventorrillo Benítez, a más de un kilómetro de la Barca de Vejer, dirección Algeciras.

Partimos de Barbate a las diez de la mañana, a toda marcha, para llegar cuanto antes al destino y no perdernos detalle del ambiente previo al paso de los ciclistas. Diez kilómetros separan Barbate de la Barca y, entre ambos puntos, se alzan dos ventorrillos.

El cansancio apretó pronto y la sed no tardó en aparecer. Así que entramos en el primero y nos tomamos un vasito de vino, y sin más ni más, también visitamos el segundo.

Cuando alcanzamos la Barca aún disponíamos de tiempo suficiente para llegar a la hora del almuerzo y probar aquel delicioso arroz con conejo al que tantas veces he hecho referencia.

El pelotón pasó por delante del Ventorrillo Benítez en torno a las cuatro de la tarde y pudimos ver al ciclista cordobés Antonio Gómez del Moral, que años después cosechó victorias en múltiples etapas de la Vuelta a España y en pruebas organizadas en otras regiones.

Y, para no minusvalorar nuestra particular vuelta a pie, cumplimos con las mismas paradas técnicas que a la ida, con vasito de vino incluido. Llegados al punto de los Treinta Poyetes, a dos kilómetros de Barbate, no pudimos hacer frente al cansancio y nos arrojamos en plancha sobre la arena, porque las fuerzas flaquearon en el último sprint.

Aquella etapa no la ganamos… por los pelos.

Con mi hermano Manuel (1i), Paco la Caballa (2i) y Chamaco (4i)

¿Te vienes a los toros?

La tarde del 1 de septiembre de 1960, unos compañeros de la Colla —Borrego, Paco *el de Algeciras* y yo— salimos en camión con destino a El Puerto de Santa María, con la intención de cargarlo de nieve al día siguiente. Partimos la víspera porque queríamos asistir a la primera corrida nocturna que se celebraba en el Puerto, en la que el rejoneador Álvaro Domecq daba la alternativa a su hijo. Además, toreaban Luis Miguel Dominguín, Paco Camino y Diego Puerta.

Entre los tres compramos un kilo de pescaíto frito y una botella de vino, que despachamos en la misma plaza. Disfrutamos de todo un espectáculo... con cena incluida.

Los toros eran un atractivo de ocio y diversión en aquellos años de juventud, y torear en la Real Maestranza de Caballería de Sevilla representaba la máxima culminación para cualquier diestro. Así lo demostraron Paquirri, Riverita y Tinin en el cartel taurino de mayo de 1966. Fue una novillada increíble en la que no solo las espadas merecieron salir a hombros, sino que hasta los novillos recibieron su particular homenaje.

A la vuelta de aquella fiesta, el acoso de la policía de carretera embistió nuestro taxi con seis ocupantes, entrando directamente a matar por exceso de pasaje. Para nada sirvió nuestra petición de indulto. Liquidaron de un plumazo el éxtasis taurino y de poco valió informarles de que a nuestros paisanos Paquirri y Riverita los habían sacado a hombros. La multa fue descomunal.

En septiembre de 1967, también en el Puerto de Santa María, acudí con mi primo Paco *la Camiona* a ver la alternativa de Riverita en otra corrida nocturna, con mucho levante. En esta ocasión la actuación de José Rivera no convenció. Miguelín y Diego Puerta completaban el cartel. El capote de Miguelín levantó al público de los asientos: cuatro orejas, un rabo y la vuelta al ruedo.

El Joven Alonso quiso ser un pájaro

En la memoria colectiva de Barbate permanece grabada la noche del 8 de diciembre de 1960, cuando un tremendo temporal de tormenta, viento y lluvia asoló la costa africana, el Estrecho y también el corazón de todos los barbateños, tras el hundimiento del Joven Alonso.

Aquella noche, más de cincuenta traíñas regresaban de faenar frente a Marruecos, cargadas de pequeños atunes. La hilera de barcos navegaba próxima a la costa africana en busca de abrigo frente a una mar arbolada. Al atravesar el Cabo Espartel, uno de ellos, el Joven Alonso, parece que se arrimó en exceso a la costa y, en un embate, fue literalmente tragado por el mar. Ningún otro pesquero se percató del percance hasta que, entre ola y ola, advirtieron su desaparición.

Algunos viejos marineros sostienen que pudo quedar atrapado entre las rocas próximas a la costa y que por eso nunca volvió a salir a flote. *¡Quisiera ser un pájaro!*, fueron las últimas palabras del patrón, oídas por radio, antes de ser engullido por el temporal. Las pronunció al hacer frente al viento desatado, conocido como *zapatazo*, justo antes de que el vaivén de las olas lo enviara hacia lo desconocido.

A la semana apareció en las costas de Tánger el cuerpo del timonel, el único de los treinta y nueve ahogados. Se llamaba Fernando López Infante y, trágicamente, entre la tripulación se encontraban dos de sus hijos.

Tras el temporal llegaron días de bonanza y se organizaron expediciones de búsqueda por la zona del cabo

Espartel. Mi cuñado Frasquito, embarcado en el Barbate, junto a otros buques, rastreó la zona sin resultado alguno, pues todo apuntaba a que el joven Alonso había quedado atrapado en algún recoveco rocoso, a gran profundidad.

Fue un final de año profundamente triste para el pueblo. Nunca antes Barbate había sufrido una tragedia semejante, hasta el naufragio del Nuevo Pepita Aurora en 2007, en el que perdieron la vida ocho personas.

La cara y la cruz de la pesca

En Barbate no ha habido otra industria que la pesca, con el inconveniente añadido de que esta actividad nunca ha garantizado el sustento. De la misma manera pescabas en el mar que era el mar el que te pescaba a ti y te arrebataba la vida. Igual cogías pescado para cubrir un mes entero que al siguiente no alcanzabas ni para comprar medio kilo de boquerones. Podían transcurrir semanas enteras en las que los marineros no ganaban ni una sola peseta.

También ocurría que las cajas de pescado se devaluaban por la competencia de otros países como Francia, Italia o Portugal. Pasaba con el boquerón, que se vendía a precios irrisorios, y los marineros, después de volcarse en esfuerzo, sudor e incluso arriesgar la vida, no obtenían lo suficiente para mantener a la familia.

En Barbate ha pesado siempre la escasa diversidad de su economía. Ni alcaldes ni barbateños hemos logrado despegarnos del mar ni de sus cadenas. Pocas empresas han sabido remontar las dificultades económicas que se han sucedido en el pueblo; poca industria se ha consolidado sin depender directa o indirectamente de la pesca, y pocos barbateños hemos sabido aprovechar los momentos de bonanza para invertir en nuevos proyectos.

Aun así, pese a las luces y sombras de la década de los sesenta, Barbate seguía creciendo, pero siempre mirando al mar.

Desde 1956 hasta 1973, la pesca artesanal de Barbate se realizó con pleno derecho en las aguas territoriales de Marruecos. Sin embargo, con la ampliación unilateral de sus aguas jurisdiccionales —a setenta millas en 1973 y a doscientas en 1981— comenzó el declive de la flota barbateña, lo que provocó importantes pérdidas en el pueblo y en el sector pesquero en general.

A lo largo de esos años, la salida para muchos barcos fue el desguace y, de manera inevitable, la reducción progresiva de la capacidad pesquera de Barbate.

Luna de miel rebajada con agua

Me casé el 29 de diciembre de 1961 con la que había sido mi novia desde 1956, Josefa Rodríguez Miranda. El padre Vicente ofició la ceremonia en la iglesia de San Paulino, y el brindis se celebró en casa de su tío Juan, en la calle Madrid. Esa misma tarde partimos de luna de miel rumbo a Sevilla; alquilamos los servicios del taxista Baldomero, que nos dejó en pleno centro, en la calle Tetuán.

Aquel año quedó marcado por la enorme cantidad de agua caída en la ciudad, que provocó el desbordamiento del arroyo Tamarguillo. Fue en noviembre de 1961. La riada alcanzó tal magnitud que el agua llegó a superar los tres metros de altura en numerosas viviendas de media ciudad. En Sevilla permanecimos seis días y no dejó de llover en toda la estancia.

Uno de los pocos días en que el tiempo dio una tregua nos fuimos al fútbol, al Estadio Benito Villamarín, para ver al Real Betis Balompié contra el Atlético de Madrid. El resultado fue de dos a uno a favor del equipo local.

Sevilla se nos mostró envuelta en una cortina de agua constante, y el gris del invierno intensificaba el gris de las fotografías. Iniciábamos la ruta turística bien temprano, siempre acompañados por nuestro aliado, el paraguas, y a golpe de taxi para llegar a los puntos más alejados del hostal. Recuerdo el comentario de un taxista que llegó a vaticinar que el agua alcanzaría lo más alto de la Giralda y que habría que sustituir la palma del Giraldillo por un paraguas gigante.

Parábamos con frecuencia en el barrio de San Bernardo para visitar a María Barba, natural de Sanlúcar de Barrameda, y a sus hijos. Esta familia había residido en el Zapal en los años cincuenta, puerta con puerta, con la casa de mi suegra. Su marido, Antonio Díaz, carpintero, trabajó con Juan Urpe en la fabricación de ataúdes. Durante su estancia en Barbate se forjó una relación tan estrecha con mi familia política que aún perdura. Sus hijos, todos carpinteros, participaron a finales de los años ochenta en la reforma del Gran Teatro Falla, en el diseño y montaje de butacas, puertas y otros elementos.

De regreso a Barbate tomamos el tren de las tres de la tarde en la estación de San Bernardo. La locomotora se veía obligada a detenerse cada poco y a avanzar lentamente debido a los terrenos inundados por la lluvia persistente. Tardamos más de cinco horas y media en llegar a Cádiz; daba la sensación de que navegábamos en barco en lugar de viajar en tren.

Mi suegra nos esperaba en la estación de Cádiz. Acompañaba a su hijo Antonio, hospitalizado e intervenido en el Hospital San Juan de Dios por problemas de estómago. Aquella noche pernoctamos en una fonda de la Plaza de San Juan de Dios y, a la mañana siguiente, hicimos escala en San Fernando para saludar a familiares de mi mujer. Esa misma tarde, el coche de línea nos devolvió a Barbate tras siete días de lluvia incesante.

Fue una luna de miel pasada por agua, pero no supuso contratiempo alguno. Cualquier ocasión para salir del pueblo se vivía con ilusión, porque entonces los viajes se hacían más por necesidad que por placer.

Vivimos algunos años de alquiler en la calle Vejer, en las viviendas de la constructora la Lusa, entregadas por el ministro de Trabajo de entonces, Fermín Sanz Orrio. Compartimos la casa con Loli y su hijo pequeño; ella había enviudado tras un infortunio ocurrido en la mar años atrás.

Una vez casados, mi mujer dejó su trabajo en el Consorcio para dedicarse a las tareas domésticas. Con lo que yo ganaba era suficiente para tirar para adelante, aun sin disponer de un salario fijo. Loli emigró a Castellón de la Plana para reunirse con su familia, y nosotros continuamos en la vivienda hasta 1963, año en que mi suegra adquirió un piso en propiedad en la avenida de Andalucía, antigua avenida de la Victoria, número 32, nuestra vivienda actual.

Mi suegra, María *la de Conil*, acompañó a nuestro matrimonio en todo momento, en lo bueno y en lo malo. Fue un pilar fundamental para toda la familia de mi mujer; de carácter fuerte y, en ocasiones, de trato recio, ejerció una marcada dominancia sobre los suyos, siempre en contraste con una abnegación absoluta. Falleció en 2003, en su casa, dejando huérfanos no solo a sus hijos, sino también a sus nueras y nietos, a su hermana Antonia, a sobrinos y primos… y también a mí.

Mi suegra, María la de Conil

El tocino del cachalote

El 12 de octubre de 1962, Día de la Raza, la lluvia fue testigo del encallamiento de un cachalote, entre el Corral y la Yerbabuena. Los barbateños más curiosos acudieron a contemplar tan colosal animal, de unas veinticinco toneladas de peso, pues ni los más antiguos recordaban algo parecido, a excepción de algún atún o tortuga gigante arribados en otras ocasiones a la costa.

Las autoridades del pueblo encargaron al grupo del saladero que retiráramos el cetáceo y, al día siguiente, aprovechando la marea baja, acudimos con cuchillos en mano y una sierra de corte para despedazarlo. Poco a poco, con la destreza de un matarife, descuartizamos al animal en trozos de entre diez y quince kilos y algo menos de un metro de altura. Toda la carne estaba compuesta de pellejo y tocino, una repulsiva masa adiposa que resbalaba entre nuestras manos.

Los restos del cachalote se guardaron en el saladero a la espera de decidir cuál iba a ser su destino. Como la carne de esa especie no era aprovechable para ningún tipo de consumo, volvimos a cargarla en el camión para arrojarla al río. Antaño, el río Barbate era el estercolero oficial del pueblo: todo material orgánico se lanzaba al mismo para que, una vez alcanzado el mar, este hiciera la función de depuradora. Las leyes medioambientales eran poco rigurosas, o directamente inexistentes, y por supuesto no había conciencia ecológica entre los barbateños de entonces.

Así que lanzamos los pedazos de tocino al río para que sirvieran de alimento a la fauna marina. Para nuestra sorpresa, los restos, en vez de hundirse, se mantenían a flote y, estupefactos, contemplamos cómo una hilera de asquerosos trozos grasientos era arrastrada por la corriente hacia el mar abierto.

Pero al mar no le apetecía comerse tan desabrido plato y lo vomitó todito en la playa del Carmen. Menos mal que no ocurrió en verano, porque habría estropeado el disfrute de bañistas y paseantes. A la arena llegaban olas envueltas en espuma, tocino, pringue y sal, pero la catástrofe ecológica no acabó ahí. A los pocos días, la carne empezó a descomponerse y se extendió por el pueblo un olor putrefacto. Los responsables de aquel suceso infausto intentamos quemar los restos podridos con leña y gasoil, pero aquellas moles orgánicas eran incapaces de arder. Lamentablemente, lo dejamos por imposible.

Uno de los médicos de Barbate, don Patricio Castro, informó a las autoridades sanitarias de Cádiz y, a los pocos días, personal de laboratorio, ataviado con bata, llegó a la playa. Con un producto corrosivo que vertieron en agujeros practicados en los pedazos de cachalote, consiguieron que la carne desapareciera literalmente, como por arte de magia. Lo que quedó fue una masa amorfa y de aspecto gelatinoso, mucho más fácil de digerir por el mar.

El día que cayó la ballena. (Fuente: Barbate, imágenes de ayer)

Leíto adelantó la primavera

El 15 de marzo de 1963 fue uno de los días más felices de mi vida: nació mi primera hija, de nombre Leonor, como mi madre. Tan redondita, graciosa y vivaracha, que yo ansiaba acabar la jornada para verla y tenerla en mis brazos, aunque mi mujer no me lo permitía hasta que me lavara y me quitara el olor a pescado.

A los dieciocho meses de edad contrajo una hepatitis que la mantuvo ingresada en el Hospital de Mora durante dos semanas. Sufrimos tanto al verla llorar en aquella sala blanca de hospital, que solo el recuerdo me descompone el cuerpo. Todas las tardes cogía el coche de Comes y me plantaba en Cádiz para verla, aunque solo fuera un rato, a pesar de las dificultades para acceder al hospital. Entraba gracias a un familiar de un compañero del saladero que trabajaba en el centro, y otras veces me colaba aprovechando el despiste del celador.

Una de aquellas tardes no logré acceder hasta bien entrada la noche y, coincidiendo con el médico de guardia, este comentó con sorna:

—*¿Habéis sobornado al portero?*

El esfuerzo merecía la pena solo por contemplar cómo se iluminaban los ojitos de mi niña cuando me veía aparecer por la sala. Mejoraba a medida que pasaban los días, y también nuestro ánimo. El médico que la trató se llamaba Manuel Cruz, un buen médico y magnífica persona, que se fue a Barcelona poco tiempo después.

Hoy mi hija tiene cuarenta y nueve años y no hay día que no acuda a su casa. Tiene dos hijos estupendos: Juanma, el matemático, y Gloria, que estudia en San Fernando y se forma para el cuidado de los mayores y personas con discapacidad. Espero que no tenga que practicar conmigo, porque eso sería la prueba evidente de que mantengo intactas todas mis facultades.

Cuando se es joven, la vejez no te la planteas ni remotamente; la mente se encarga de apartarla de la conciencia bajo un paraguas protector. Sin embargo, cuando por fin te alcanza, la juventud queda anclada en el estado de ánimo: te acompaña y permanece como una actitud ante la vida, pese a los achaques físicos propios de la edad. Cuerpo y mente, a veces, corren por caminos distintos; en fin, distorsiones de la vida.

Las averías de los camiones hicieron historia

Yo no he poseído ni he conducido coche alguno a lo largo de mi vida. Sin embargo, mi trabajo en la lonja me permitió conocer bien el funcionamiento de los vehículos de transporte más representativos de aquellos años. No fue un conocimiento técnico de la mecánica de motores, sino una experiencia adquirida a pie de faena, en situaciones cotidianas en las que el camión era un elemento más del trabajo diario y, otras veces, el protagonista absoluto de la realidad que se nos presentaba.

La comodidad o incomodidad de los trayectos, la fiabilidad o el fallo de los motores, el trasvase de mercancías entre camiones averiados en plena carretera, o la posibilidad de salir fuera de Barbate y descubrir otros lugares vedados por las dificultades del momento. Un sinfín de circunstancias que, de no haber sido por la mercancía del pescado, no formarían parte de esta modesta biografía.

Atrás quedaron los camiones de gasógeno de los años de escasez de combustible y alimentos. Con la mejora progresiva de la economía comenzaron a circular nuevos modelos por las maltrechas avenidas de Barbate, en una época en la que el pueblo llegó a convertirse en un punto neurálgico de la compra y venta de pescado.

Los camiones *Diamond* representaban uno de los mejores modelos en la década de los sesenta, aunque no estaban exentos de averías. Recuerdo especialmente el 26 de julio de 1963, cuando se averió uno de estos vehículos cargado con 270 cajas de boquerones en El Colorado. Entre cuatro hombres trasvasamos la carga a un camión *Beaver*, también considerado un buen coche.

Eran las tres de la tarde, a pleno sol, con todo el calor y el sudor cayéndonos por la espalda. Manipulábamos cajas de treinta y cinco kilos, pasándolas de un camión a otro sin descanso. Tardamos algo más de una hora en completar el transbordo, pero aquella hora se nos hizo eterna.

Con compañeros de la Lonja Vieja

Mis hermanos Manuel e Isabel convalecientes

Con mi hermano Manuel compartí cuatro años de trabajo en el saladero de Ambrosio Dávila, hasta 1958, año en que decidió cambiar de empleo porque ganaba muy poco. José Malia *Joselillo,* armador de barcos y exportador de pescados, lo contrató para realizar labores de gestión y representación de la empresa en las transacciones comerciales que efectuaba por Huelva y Sevilla.

A pesar de que mi hermano recorrió muchos kilómetros, nunca tuvo un volante entre sus manos. Acompañaba al camionero en los numerosos trayectos hacia los mercados onubenses e hispalenses, velando por que la mercancía llegara a buen recaudo hasta los compradores.

Una mañana de agosto de 1963, camino de Huelva, mi hermano Manuel se detuvo en el sanatorio de Puerto Real para visitar a nuestra hermana Isabel, que se encontraba convaleciente. No podía imaginar que ese mismo día haría una segunda visita a otro hospital, aunque esta vez como accidentado.

Ya había pasado Sanlúcar la Mayor por la carretera nacional cuando al conductor le sorprendió un fallo de los frenos mientras el camión, modelo *Leyland*, se precipitaba cuesta abajo en el tramo de las Doblas. No tuvo más remedio que estrellarse contra un árbol para detener el vehículo. Se salvaron de puro milagro: el conductor salió prácticamente ileso, salvo algunos rasguños en la frente, y la peor parte se la llevó mi hermano, que sufrió un fuerte golpe en la cabeza que lo mantuvo inconsciente hasta su traslado a la clínica del doctor Serrano, en Sevilla.

Yo trabajaba esa tarde de domingo en la Lonja Vieja y, en cuanto tuve noticia del accidente, busqué alguna combinación que me acercara a Sevilla. Tuve suerte: a las cuatro de la tarde encontré a Salvador, un transportista que conducía una camioneta *Austin* y se dirigía a la capital. Llegamos cerca de la medianoche al antiguo Mercado del Barranco, la lonja del pescado junto al puente de Triana, y desde allí callejeamos por el casco antiguo en dirección a la clínica del doctor Serrano, situada detrás de la Campana.

Aunque sabía que no era hora de visitas, no fue necesario insistir mucho al celador de la puerta, que se mostró muy comprensivo y atento tras escuchar lo sucedido. Allí estaba mi hermano, con un fuerte traumatismo craneal que le había provocado un hematoma intracraneal y le impedía moverse.

Esa misma noche regresé a Barbate en la camioneta *Austin*. Al día siguiente, mis padres alquilaron un taxi y permanecieron en Sevilla durante la semana de convalecencia de mi hermano, hasta que recibió el alta hospitalaria. Tras ese periodo regresaron a Barbate, y Manuel permaneció casi dos meses sin poder moverse con normalidad.

Mi hermano Manuel en el lugar del accidente en el tramo de las Doblas.

El camión *Leyland* fue remolcado hasta Barbate, y todo el que vio el estado del vehículo siniestrado se preguntaba cómo era posible que el conductor y mi hermano siguieran con vida: el motor había quedado completamente engullido y la cabina, totalmente deformada. Los comentarios que circulaban sobre estos camiones coincidían en señalar un funcionamiento deficiente de los frenos.

Mi hermano se reincorporó al trabajo y continuó viajando a diario. Fue la prueba de que su recuperación había sido completa, pues ni su genio ni su temperamento cambiaron tras el accidente.

Como ya mencioné, mi hermana Isabel padeció una tuberculosis en agosto de 1963 que la mantuvo ingresada más de tres meses en el antiguo sanatorio de tuberculosos de Puerto Real, hoy hospital universitario. Estuvo sometida a un estricto régimen de alimentación, reposo y a los nuevos antibióticos de la época, que acortaron considerablemente los tiempos de curación.

Isabel es una hermana muy entrañable y una excelente persona. Tiene cuatro hijos varones, todos ellos muy buenos sobrinos. Agradezco a la vida poder disfrutar todavía de todos mis hermanos; siempre que puedo los visito para compartir con ellos esos momentos que, de forma simbólica, me conectan con la memoria de nuestros padres ausentes.

La compañía Tromoro

En 1964, mi jefe José Troyano adquirió, junto a otros exportadores y vendedores, una flota de diez camiones *Pegaso* para mejorar las vías de distribución del pescado. Crearon una compañía de transporte llamada Tromoro, cuyos socios promotores fueron Troyano, Gregorio Moreno, José Rosado *el Cordobés*, además de Antonio Piña, de Conil, y Vicente Zaragoza, también conocido como el Capitán de la Almadraba.

En una fría noche de invierno de enero de 1966 atendimos la llamada de auxilio del conductor de un camión *Saurer* procedente de Barbate, con una carga de 250 cajas de

Acto de inauguración de la compañía Tromoro

boquerones, que se había precipitado en la bajada de la cuesta que descubre Écija por la carretera nacional desde Sevilla. Nos condujo el propio Troyano en su *Opel* de color rojo y, a las once de la noche, distinguimos en la oscuridad el camión volcado de costado en la cuneta. Por fortuna, el pescado no se había desparramado fuera de las cajas, ya que estaban perfectamente apiladas y encajadas en el interior del *Saurer*.

Dos de nosotros comenzamos a sacarlas con sumo cuidado, procurando no resbalar sobre la húmeda chapa lateral del camión; los otros dos las iban disponiendo en el filo de la carretera, a la espera de que un *Pegaso* de la compañía Tromoro recogiera la mercancía y la condujera a su frustrado destino.

Tras cuatro horas de duro trabajo en la fría campiña ecijana, emprendimos el regreso a Barbate en un viaje no exento de nuevos sobresaltos. Pasado el Cuervo, sobre las

Acto de inauguración de la compañía Tromoro

seis de la mañana, por la zona del Alto de Montegil, nos sorprendió un camión cisterna volcado en una zanja, con las luces y el motor aún encendidos. Detuvimos el opel rojo en el arcén sin imaginar la escena que íbamos a encontrar: nos conmovió ver al conductor sentado en el suelo, envuelto en una manta ensangrentada, con la mirada perdida y el rostro abatido.

Tras atenderlo y comprobar que, al menos aparentemente, su estado físico no era grave, llegó la Guardia Civil y abrió diligencias de inmediato, pues en ese tramo de carretera venían produciéndose numerosos accidentes. Llegamos a Barbate a las once de la mañana, aunque antes paramos a desayunar churros en Jerez, que nos supieron a poco después del frío, el esfuerzo y las horas sin descanso.

Otro día del verano de 1966 nos desplazamos a Carmona para asistir a un *Pegaso* averiado de la compañía Tromoro. Viajamos en un antiguo *mercedes* negro del *Moreno*, hermano de Troyano, y camino de Carmona, a la salida de la recta entre Chiclana y San Fernando, me inquietó ver en la cuneta al camión que solía trasladar a mi hermano Manuel en sus viajes comerciales hacia Huelva. Afortunadamente, en esta ocasión no hubo que lamentar daños personales comparables con el accidente sufrido tres años atrás; solo un fuerte golpe tras colisionar con otro vehículo. La cabeza dura de mi hermano, sin duda, también le ha servido para salir indemne de más de un siniestro.

A las ocho de la tarde llegamos a la antigua fábrica de harinas de Carmona, donde aguardaba el *Pegaso* averiado, cargado con 180 cajas de sardinas. De regreso a Barbate no paramos en ninguna venta para comer y, la verdad sea dicha, pese a lo penoso que resultaba manejar cargas en plena carretera, la posibilidad de hacer un alto en alguna venta de camino siempre suponía un aliciente añadido. Abrazamos Barbate a la una de la madrugada.

Un zoológico reducido en casa de mi hijo Manuel

El 17 de septiembre de 1965 nació mi hijo Manuel. Desde muy niño sintió una atracción especial por los pequeños animales: tortugas, gusanos de seda, escarabajos, grillos, saltamontes, etc.; los cogía sin la mínima sensación de repelús.

Además, desarrolló una capacidad innata para dibujar animales, paisajes y, sobre todo, viñetas bélicas; representaba sobre el papel cualquier figura en acción o movimiento que tuviera en la cabeza, con una facilidad pasmosa. Pegado a los tebeos de Mortadelo y Filemón, siempre pensé que el niño llegaría a ser dibujante de cómic.

Cuando llegó la hora de orientar su futuro profesional, se decantó por la carrera militar y, a pesar de presentarse como voluntario profesional en dos ocasiones, los criterios del ejército en los años ochenta apartaron del camino a chavales con una simple miopía. Así fue como su aspiración militar se fue al traste.

Actualmente regenta un taller de mecánica de coches en la calle de la Ronda del Río, nada que ver con su capacidad para dibujar, pero manteniendo intacta su debilidad por los animales. Su piso es un zoológico reducido atendido por sus hijos, Manu y Adrián, de once y ocho años, quienes han heredado ese amor por los animales.

Bajo el techo de su casa han pasado: lagartos, tortugas, canarios, periquitos, escarabajos, pulgas de la playa, ardillas del desierto, hámsteres, gusanos de seda, peces de colores y, por último, una perrita abandonada que se coló por la puerta de su taller, a sabiendas de que allí trabajaba San Francisco de Asís.

El tesoro escondido de mi hijo José Mari

El 31 de mayo de 1967 nació mi tercer hijo, José Mari. Con seis años empezó a escribir en un reducido bloc sus experiencias rutinarias, desde que se levantaba hasta que se acostaba.

En una pequeña caja guardaba una colección de objetos de lo más variopinto: chinos y piedras con supuestas propiedades mágicas, estampas de animales —incluidas las de la Abeja Maya y series de televisión—, algunas fotografías familiares, bolígrafos de muchas puntas y colores, airgamboys, etc.

Le encantaba organizar expediciones con indios, pistoleros y caballos de plástico debajo de su cama, y allí lo encontraba cuando llegaba del trabajo. Después se entretenía despegando las escamas de pescado pegadas en mis brazos, tarea que yo le dejaba hacer con aparente paciencia, pese a la imperiosa necesidad de un buen baño.

Actualmente vive en Sevilla y trabaja como enfermero del trabajo en la ONCE. Tiene dos mellizas de nueve años: una rubia llamada Julia y la otra morena, Emma.

Mi hijo José Mari fue quien me animó a redactar este compendio de anécdotas y recuerdos, para que no cayeran en el olvido al final de este viaje.

Las sardinas de Agadir o la gallina de los huevos de oro

La Lonja Vieja se hacía cada vez más pequeña y su acceso estaba muy condicionado al buen tiempo y a la pleamar, circunstancias que muchas veces no confluían y obligaban a numerosos barcos a cambiar su puerto de destino. Así lo hacían muchos pesqueros repletos de sardinas procedentes de Agadir, que desembarcaban en el puerto de Algeciras, en claro perjuicio para la actividad comercial barbateña.

El 21 de julio de 1968, el saladero de Troyano al completo se despidió de la Lonja Vieja para instalarse en el nuevo saladero de la flamante lonja del Puerto de la Albufera, inaugurado en 1961. Al día siguiente, el 22 de julio de 1968, el barco de Isla Cristina el Santo del Mar descargó las primeras sardinas procedentes de Agadir en la nueva lonja.

Durante algunos años, el principal comprador de buena parte de las sardinas capturadas en Marruecos fue la industria conservera. Recuerdo, por ejemplo, una partida de latas de sardinas producidas por Aniceto Ramírez Rey que fue exportada a la antigua Checoslovaquia.

Otros barcos de hierro, como el don Vicente, el Yerbabuena, El Nuevo Barbate y Caños de Meca, construidos en los astilleros del norte, atracaban en el nuevo puerto de Barbate; sin embargo, fue el don Vicente el que se dedicó en exclusiva a la pesca de sardinas en los caladeros marroquíes.

El don Vicente fue uno de los barcos de hierro más grandes que tuvo la flota barbateña. Su patrón era cuñado de Diego López Barrera, alcalde de Barbate entre 1970 y 1975. Capaz de transportar hasta tres mil cajas de pescado, permanecía fuera de puerto hasta doce días. Las sardinas de Agadir ya tenían comprador antes incluso de llegar a la lonja, gracias a los contratos que el armador había cerrado con las principales fábricas del sector. El desguace fue el destino final de este buque, debido principalmente a la crisis provocada por las restricciones impuestas por Marruecos.

Sin saberlo, cada vez que la fábrica de Aniceto Ramírez Rey me ofrecía algún encargo, iba quemando etapas en la historia de esta factoría. Si en 1953 se realizaron las últimas salazones, en 1974 fueron las últimas sardinas de Agadir las que pasaron por mis manos para uso conservero. Introducía las cajas de pescado en piletas con salmuera, removía las sardinas —que llegaban muy prensadas— y volvía a sacarlas para que escurrieran el agua. Tras este proceso, se introducían en cámaras frigoríficas para su congelación y posterior uso, conforme a las necesidades de producción.

El puerto de la Albufera en sus primeros años de actividad
(Fuente: Barbate, imágenes de ayer)

Lo mismo vale para un roto que para un descosido.

Mi jefe Troyano también ejercía funciones de concejal en el equipo de gobierno de Alfonso Bosch Moreno, alcalde de Barbate entre 1963 y 1970.

Antonio *el Contramaestre* era otro concejal que nos hizo llamar a los cinco del saladero para recoger un palo de la luz de unos quince metros de largo y depositarlo en una barca de la Almadraba para que sirviera de cucaña en la feria. Cuando acabó la feria nos requirió de nuevo para desmontarlo y devolverlo al almacén de origen. Convencidos de que el trabajo sería recompensado, nos dimos con un palmo en las narices: no recibimos ni un solo duro y, como el encargo provenía de la autoridad oficial, nos tuvimos que aguantar.

¿Qué íbamos a hacer, pues? Desgraciadamente, en aquel tiempo existían personas que ignoraban a sabiendas las leyes que regían cualquier servicio prestado —aunque fuera a la comunidad— y exigían a los trabajadores, que solo contaban con su fuerza y su esfuerzo como valor más preciado, un sacrificio obligatorio.

Otro día de escasa actividad en la lonja, se nos acercó Venancio, patrón del barco el Mar Atlántico, que nos propuso a lavadores y portuarios cargar un descomunal arte desde el barco hasta un salón próximo al cine Avenida. Entre ocho logramos transportarlo con gran esfuerzo, por lo voluminoso y pesado que era, pero en esta ocasión sí que nos compensaron justamente: con cuarenta duros para cada uno, que ya era dinero en aquellos años.

Acostumbrados a los desacuerdos y apresamientos

Una madrugada de febrero de 1969, un terremoto despertó a los barbateños de su apacible sueño. Alarmados, salimos de las casas en un acto instintivo de protección, envueltos en cobijas. Pero además del movimiento sísmico, Barbate también temblaba después de cada apresamiento de sus barcos en las costas de Marruecos, cada vez más frecuentes debido a la amenaza de los guardacostas marroquíes, que se situaban en zonas progresivamente más alejadas de la costa.

Desde siempre, la flota barbateña había pescado muy pegada a la costa marroquí, pero en 1973, año en que Marruecos adoptó de manera unilateral el límite de las setenta millas, salir al mar se convirtió en una aventura arriesgada. Los guardacostas vecinos, muy vigilantes, apresaban cualquier buque bajo el argumento de invasión de aguas territoriales. El desconcierto en el pueblo era mayúsculo.

Sin embargo, los armadores barbateños, en un intento de salvaguardar sus intereses, habían contactado años atrás con un marroquí conocido como *el Mari*, conocedor de los movimientos de la policía costera alauita. Este personaje revelaba los desplazamientos de las patrulleras a través de la radio pesquera y avisaba a los barcos barbateños que faenaban o se dirigían a aguas marroquíes de la presencia o ausencia de vigilancia, despejando así la incertidumbre en la zona.

En la década de los sesenta se dejaba ver por el pueblo con cierta regularidad, probablemente para reclamar los honorarios de su arriesgada labor de espionaje, al más puro estilo de un personaje de John le Carré.

Hasta 1979, Marruecos no abordó un acuerdo pesquero más o menos formal. Los años previos estuvieron marcados por fuertes tensiones políticas entre España y el país alauita, derivadas de la descolonización del Sáhara y su posterior anexión a Marruecos. Cuando la actividad pesquera se vio severamente restringida, la flota barbateña buscó refugio en el golfo de Cádiz, que actuó como un colchón que amortiguó, en parte, la parada impuesta por el país vecino.

Sin embargo, el verdadero referente de riqueza pesquera seguía estando en Marruecos, y la interrupción de la actividad con ese país suponía una ruptura con un estatus socioeconómico difícil de alcanzar únicamente con la explotación del golfo de Cádiz.

A partir de 1986, las competencias pesqueras pasaron a la Comunidad Económica Europea, y desde entonces los acuerdos de pesca se convirtieron en moneda de cambio para los intereses exteriores de Marruecos, no exentos de negociaciones largas, difíciles y conflictivas. Barbate conoció etapas más o menos estables en su actividad pesquera, pero cada vez más restrictivas en número de barcos y acceso a caladeros, unidas a la ampliación de los periodos de veda reflejados en los acuerdos de 1988, 1992, 1995 y 2007.

Marruecos dilataba la firma de nuevos compromisos al término de cada acuerdo y, entretanto, la flota permanecía inactiva hasta la ratificación de un nuevo pacto.

La emigración de barbateños y la pesquería gaditana

Desde 1970 hasta 1978, el pueblo padeció la más importante emigración de su historia reciente hacia el Levante, Cataluña y Canarias, ya que el nivel de actividad pesquera y comercial descendió a cotas tan bajas que muchas familias no tenían ni seguridad ni estabilidad económica. Así fue como numerosas criaturitas partieron hacia Barcelona, Tarragona, Castellón o Las Palmas en busca de trabajo, principalmente en el sector de la hostelería y la pesca.

Buena parte de la flota barbateña desvió su atención hacia el golfo de Cádiz, logrando en muchas ocasiones capturas nada despreciables de boquerones, sardinas, jureles y brecas.

Yo, al igual que otros compañeros, cuando la inactividad en la lonja de Barbate asolaba la moral de cualquier trabajador, buscaba en Cádiz lo que no encontraba en mi pueblo. Nos trasladábamos mediante combinaciones de coches particulares desde la lonja, o bien pedíamos el favor a los camioneros que salían del pueblo. En Cádiz echaba todo el día y parte de la noche; algunas veces lograba meter dinero en casa y otras no, y todo porque el mar de Cádiz no ofrecía las suficientes garantías de pesca, ya que sus reservas se iban agotando.

Mis tres cuñados emigraron en 1970 a Hospitalet y trabajaron en una fábrica de persianas hasta 1979, año en el que volvieron a embarcarse. Frasquito lo hizo en la Estrella de Belén, pero, tras diez años como marinero y con la fatídica experiencia del Joven Alonso muy presente en su memoria, decidió probar suerte en la hostelería con la apertura del Bar Frasquito en 1980, en el mismo lugar donde antaño se ubicó la tienda de José *el de Lucas*.

Pedro Rodríguez se embarcó en el Cabo Espartel, con Miguel Reyes como dueño y patrón; poco después patroneó el José Galindo, el Mar Ibiza y, por último, el Quintino. Antonio Rodríguez patroneó el Lorfiño y el Concha Piquer para acabar sus últimos años de vida laboral pescando en una barquilla.

Mi cuñado Pedro Rodríguez (3i) con amigos

Un oasis en medio del desierto

A pesar de la provisionalidad e inseguridad de la actividad pesquera con Marruecos, los periodos otoñales de 1970 y 1971 fueron excepcionales para la pesca del alistado. Durante dos años consecutivos, alistados de casi tres kilos inundaron la lonja y prácticamente todos se destinaron a la industria conservera, la mayoría recepcionados por la Fábrica, conocida conservera tarifeña regentada por Martínez y Rodena, y también por la Carabilla de Algeciras.

Mis cuñados Fresquito (i) y Antonio (d) en parte superior

Fueron meses extraordinarios para el ánimo de los marineros, como consecuencia de la entrada de ingresos en los hogares y en los bolsillos. El lugar habitual para celebrar el aumento de fondos eran bares y tascas, donde las cervezas no se consumían tanto por botellines como por cajas, un día sí y otro también. Yo me empleé a fondo cargando camiones y limpiando los pescados que entraban por las puertas del saladero.

En esos dos años también se capturaron muchos pulpos en la bahía de Barbate. Alrededor de dos mil a tres mil cajas se registraron en el muelle, cuyo destino preferente era

Castellón. Al menos ciento sesenta barquillas de Isla Cristina y otras tantas de Barbate fueron sus principales captores, muchas de ellas sin los papeles necesarios para pescar legalmente.

A partir de 1970 se logró que la actividad comercial y pesquera se paralizara los domingos y días festivos, y así fue como se dignificó un poco más el trabajo y el descanso de un amplio número de trabajadores relacionados directa e indirectamente con la mar. Deseaba, pues, con ansia que llegara el día de asueto para pasear con mis tres hijos los domingos por la mañana y llevarlos al cine infantil por las tardes.

Muestra del apogeo de la actividad en la lonja. Fuente: III Muestra de Imágenes Tradicionales de la Pesca. Editado por la Consejería de Agricultura y Pesca de la Junta de Andalucía).

Empresarios tocados por la mala suerte

En 1972 trabajé para un empresario bilbaíno llamado Antonio Gracia, actualmente fallecido. Cuando el temporal obligaba a parar la pesca, este hombre me llamaba para la preparación y mantenimiento de cajas de ocho kilos con boquerones congelados procedentes de Italia; cubría las cajas con agua para mantenerlas frescas, y por la noche las cargaba en camiones para proceder al reparto por la provincia de Cádiz.

El boquerón italiano destaca por su pobre sabor si se compara con el exquisito boquerón gaditano. Desarrollaba el encargo en la fábrica antigua de nieve situada en la avenida del Río Viejo; tardaba de diez a doce horas en acabar la faena, a 20 duros/hora, muy bien pagada si bien la tónica habitual de aquellos menesteres era trabajar mucho y ganar poco.

Este empresario también compraba toneladas de almejas de Italia y, para mantenerlas frescas, las introducía en una pila con mucho hielo. Muchas veces no lograba sacarlas al mercado y había que tirarlas porque el olor a podrido daba el cante. En una ocasión desechó hasta diez toneladas de almejas chirlas podridas. Estas pérdidas fueron tan frecuentes que este empresario fracasó en sus negocios. No se dio por vencido y llegó a instalar un vivero en el mismo Consorcio Almadrabero para cultivar almejas grandes, langostas, bogavantes, centollas, otros mariscos y también doradas, con la mala suerte de que a los pocos años también resultó un fracaso. En esta última empresa no llegué a trabajar.

Un mañana de domingo, Antonio Gracia me vino a buscar a mi casa para que me encargara de un container procedente de Canarias con diez toneladas de agujas palás.

Dicha cantidad de pescado suponía muchas horas de trabajo y un dinero extra muy suculento; acepté inmediatamente su solicitud, me dirigí al saladero a coger el cuchillo y me dispuse a limpiar y a cortar las 158 piezas de pez espada; algunas alcanzaban hasta 120 kilos y las más pequeñas de 70 a 90 kilos. Fue un día excepcional de trabajo, las preparé y limpié yo solito, no había aguja palá que se resistiera al corte.

Habitualmente coincido con Pepe, el transportista que trabajó para este empresario bilbaíno; cuando lo veo me comenta: *Juan, ¿te acuerdas de las veces que cargaste mi camión?* Vaya si me acuerdo, por el ritmo de trabajo tan frenético y por la urgencia en cargarlo a primera hora de la tarde para que la mercancía llegara a Bilbao no más tarde de las siete de la mañana del día siguiente.

Un grillo en el melón del cortinal

Quien conozca a mi hermano Manuel Rossi sabe perfectamente de quién hablo. Su personalidad es arrolladora: en continua disputa verbal con el de enfrente, se autoproclama único sabedor de la verdad, por supuesto, de su verdad. Su voz ronca, el tono siempre elevado y sus aspavientos revisten de autocracia su discurso y no dejan indiferente a nadie.

En el puerto de la Albufera, en 1971, dos compañeros de la Colla —*el Casera* y Juan Sosa, apodado *la Mona*— no tuvieron otra ocurrencia que engancharle un grillo al cuello a mi hermano, con la intención de asustarlo y de paso, burlarse de él.

Mi hermano Manuel, curtido en mil batallas, agarró el grillo de golpe y, con un gesto que nadie esperaba, se lo metió en la boca, empezó a masticarlo y a triturarlo como si

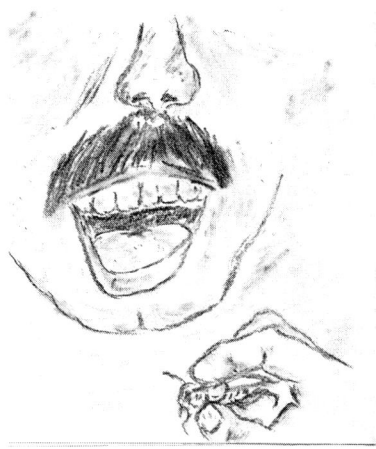

fuera mojama, para después tragárselo y mandarlo directo al estómago. Fue tan grande la aversión que provocó en los dos ingenuos, que no tardaron ni un segundo en correr hasta el filo del muelle y largar todo lo que habían comido.

Tras la vomitona, *el Casera* dijo:

—*¡Ay, que me he comido una tajá de melón y he echado un cortinal!*

Y el otro replicó:

—*¡Joder, pues yo me he comido un filete y he echado una vaca!*

¡Qué pechá de reír nos dimos con lo que desencadenó el grillo y la madre que lo parió! Mi hermano, por no dar su brazo a torcer, juró que el bicho estaba exquisito.

La caña mágica del Empalmao

Mi hermano Paco Rossi ha sido siempre muy amante de la pesca con caña, aunque también ha utilizado con gran pericia otros artilugios caseros, manejados con una paciencia y un arte que siempre he admirado. Paco abrazó esta actividad por ocio y no por necesidad, razón por la cual la disfrutó mucho más. Compartir un rato de pesca con él implicaba asumir que el tiempo no tenía límites: fundía cuerpo y alma en esta afición y elevaba el ritual de la pesca a la categoría de experiencia casi religiosa. Le ha proporcionado tanta satisfacción que me atrevo a decir que la felicidad, además de encontrarla en su familia, la acariciaba sentado sobre una roca, frente al mar y con una caña rudimentaria entre las manos.

Un día me invitó a acompañarlo a coger camarones en las Salinas, grandes balsas de agua que se forman durante la pleamar y quedan al lado izquierdo de la carretera que conduce a Zahara de los Atunes. Portábamos seis nasas, tres para cada uno, y nos separamos para probar suerte en distintos puntos. Una sardina en el interior de cada nasa nos servía de carná y solo quedaba esperar a que los camarones hicieran su trabajo.

Al cabo de dos horas, mi hermano vino a mi encuentro y se asombró al ver que yo había capturado tres kilos y medio de camarones, frente a su escasa cosecha, que no daba ni para media ración de tortillitas.

¿Suerte de principiante o que los pequeños crustáceos ya tenían calado a mi hermano por frecuentar demasiado la zona? Para que después digan que estos animales no tienen memoria. Yo, por si acaso, me como las cabezas además de los bigotes, a ver si mejoro la mía.

Otro domingo fuimos a coger verdigones. Esta pesca se realiza en la misma orilla del río, aprovechando la marea baja; hay que ir bien equipado con botas altas, porque la zona está muy enfangada y obliga a rebuscar metiendo las manos en el lodo. Aquel día la suerte nos acompañó tanto por la cantidad como por el tamaño de los verdigones. ¡Nunca vi verdigones tan grandes! Hoy en día esta pesca está prohibida sin el correspondiente permiso.

Mi hermano Paco siempre contaba con la carná que yo le preparaba a base de un amasijo de sardinas, harina y arena, hasta formar una bola dura y consistente que sirviera de cebo. *El Empalmao* fue el apodo que se ganó en el círculo de pescadores de caña que lo conocían, no porque ostentara una permanente excitación fálica, sino porque manejaba dos cañas atadas una a continuación de la otra para la pesca con anzuelo y sedal.

Una tarde participé con Paco en la pesca de anguilas en el Pantanal, lugar de amarre de botes pequeños próximo a la Primera Punta del puerto de la Albufera, con una profundidad de poco más de medio metro. Lanzamos los anzuelos y de inmediato comenzaron a picar una tras otra. Aquellos peces alargados se liaban entre los cordeles y no daban tregua; algunos alcanzaban el kilo y, en total, reunimos unas veinte, despertando la curiosidad y expectación de cuantos pasaban por allí. Algunos, animados por la pesca tan fructífera, volvieron al día siguiente al mismo sitio, pero solo se llevaron el chasco y la decepción de regresar con las manos vacías.

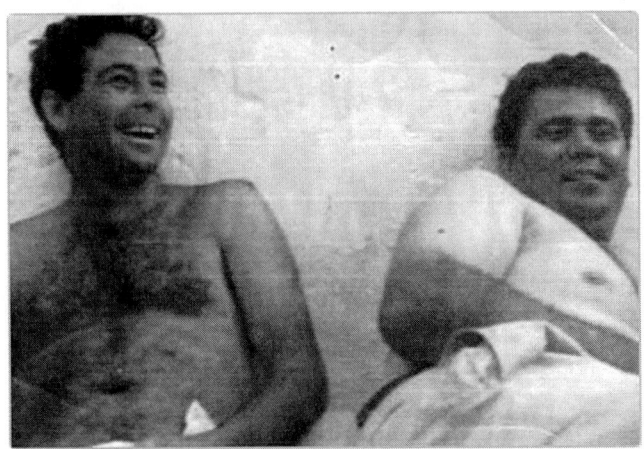

Mi hermano Paco (i) y mi cuñado Antonio el Panaero (d)

Un domingo de fuerte levante, con la mar encrespada y enverdecida, mi hermano pescaba frente al Real de la Almadraba, justo delante del bar Rajamanta. Aquel día televisaban la final de la Copa del Rey entre el Real Madrid y el Castilla, pero a pesar del acontecimiento deportivo Paco optó por su caña empalmada. Y no le fue nada mal. Con aquella caña de apariencia frágil no daba abasto: más de veinte kilos de sargos de todos los tamaños y más de veinte personas arremolinadas a su alrededor, incrédulas ante lo que estaban viendo, celebrando cada nueva picada.

Siempre que el trabajo me lo permitía acompañaba a mi hermano a pescar, porque me gustaba y me distraía. Pero llegó un día en que Paco abandonó por completo esta afición, en parte porque la pesca fue menguando debido al aumento de aficionados, pero sobre todo por la proliferación de pequeños barcos de Isla Cristina y Ayamonte que calaban las redes casi en la misma entrada del puerto.

Ramón Lara puede presumir de multas

Una tarde de 1973 me desplacé a Cádiz en el mini de Ramón Lara, exportador de pescados, para atender la compra de un cargamento de sardinas destinado a distintos mercados de España. Cuando llegamos a la lonja de Cádiz comprobamos que las cajas no estaban preparadas para su envío por faltarles los barrotes.

Los barrotes eran unas pequeñas tablas de madera que se colocaban transversalmente para proteger el contenido y evitar que el pescado se estrujara. Ramón Lara llamó por teléfono a Barbate para que enviaran con urgencia un lote de barrotes en su furgoneta *Citroën* ya bastante manida por los años y el trabajo. El conductor era José Ramírez, más conocido como Manduca.

Como telón de fondo, una lluvia incesante empapaba las carreteras de la provincia de Cádiz y hacía la conducción especialmente complicada. Cuando Manduca atravesó Chiclana, la policía de tráfico reparó en el viejo vehículo por el estrepitoso ruido del escape libre y salió tras él para darle el alto. Manduca, apremiado por la urgencia, prefirió no darse por enterado, y tuvo la suerte de que, en ese mismo momento, un camión *Avia* volcó en el arcén, obligando a la policía a atender el siniestro.

La lluvia no daba tregua ni para secarnos la cara cuando terminamos de poner los barrotes y cargar las cajas, en torno a las diez y media de la noche. A esas horas ya solo me quedaban fuerzas para emprender el viaje de regreso con Ramón Lara en su *Citroën* ruidoso, ya que Manduca se volvió en el mini justo después de descargar los barrotes.

Sin embargo, el destino jugó sus cartas y, a la altura de la venta el Chato, en San Fernando, la furgoneta se averió, obligándonos a permanecer media hora detenidos en la carretera hasta que, por fin, el motor quiso arrancar. Reanudamos la marcha y, mira por dónde, la misma policía de tráfico de la tarde nos aguardaba en Tres Caminos. Llovía sobre mojado —nunca mejor dicho— porque esta vez sí nos pararon.

Con una displicencia poco habitual nos dijeron:

—*Llevamos toda la tarde pendientes de esta furgoneta y por fin la hemos cazado.*

Empezaron a pedir los papeles. Primero, la documentación del coche. Ramón se excusó diciendo que la llevaba en el otro vehículo, en el *mini*. Luego le reclamaron el carné de identidad.

—*¿No le he dicho ya que lo tengo en el otro coche?* —respondió.

Al ver que no había manera de identificar ni al conductor ni al vehículo, el agente se volvió hacia mí y me dijo:

—*Si usted lleva su carné, le haremos responsable de este señor indocumentado y de la situación.*

Fue entonces cuando Ramón comprendió de verdad el agua que estaba cayendo, porque comenzaron a lloverle las multas: una por no llevar los papeles del coche, otra por no portar el carné de identidad, otra por el escape libre, otra por los pilotos fundidos y la última por llevar un pasajero en una furgoneta no habilitada para ello. Cinco multas de una tacada y, aun así, dimos gracias porque yo llevaba mi carné y eso nos permitió seguir camino.

El agua había calado en el ánimo de Ramón, pero si algo aprendí aquel día es que a perro flaco todo son pulgas. A la altura del Colorado volvió a sorprendernos tráfico y otra vez nos pidieron los papeles. Ramón, sin saber si reír o llorar, soltó resignado:

—*Mire usted, tiene todo el derecho del mundo a multarme, pero ya llevo cinco multas encima.*

—*Bueno, bueno, tire p'alante* —respondió el guardia.

Pero la cadena de desgracias no terminó ahí. Al llegar a la Fuente del Viejo, el maldito coche volvió a pararse y tuvimos que empujarlo cuesta arriba hasta los Treinta Poyetes, ¡con el agua que caía! Desde allí lo dejamos rodar aprovechando la pendiente hasta que, por fin, arrancó frente al cementerio. No nos detuvimos ni un segundo ante tan sacro lugar, porque con el cúmulo de calamidades vividas, más que proporcionarnos sosiego nos dio yuyu.

Con un fuerte acelerón alcanzamos la entrada de Barbate a la una y media de la madrugada. Mi mujer me esperaba muy preocupada, pero no tenía ganas ni de hablar. Apenas cené; lo único que deseaba era acostarme y que pasara de una vez aquel día calamitoso.

La pulla de un pargo

En 1973, un tal Garrido de Estepona se presentó en la lonja con un cargamento de rayas de San Pedro, una especie más pequeña dentro de la familia de los ráyidos, con la intención de ponerlas en mercado. Precisamente por su menor tamaño tuvo muchas dificultades para venderlas y, previendo que acabaría comiéndoselas él mismo, me ofreció una caja de cuarenta kilos.

Como un loco me puse a limpiarlas y, a renglón seguido, las repartí entre mis compañeros en un acto desenfrenado de generosidad, quedándome yo sin ninguna.

Paco Pacheco solía reclamar mis servicios para que limpiara sus adquisiciones de pescado, labor que realizaba puntualmente antes de incorporarme al trabajo, muy temprano por la mañana. Este comprador y exportador disponía de un saladero en la lonja donde almacenaba congrios, salmonetes, lenguados, pulpos y pargos.
A los congrios les quitaba las tripas; a los pulpos la cabeza;

los salmonetes y lenguados los disponía bien colocados y presentados en las cajas; y los pargos no necesitaban ninguna manipulación previa, ya que los recibía congelados y así los vendía.

En una ocasión, un cargamento de pargos congelados se desparramó por una rampa desde cierta altura y uno de ellos, con gran violencia, clavó una de sus espinas dorsales en mi bota. Con tan mala suerte que la atravesó y se me hincó en el dedo gordo del pie.

Durante tres meses, el dolor agudo y constante que me provocaba aquel cuerpo extraño fue insoportable; el simple roce con las sábanas me hacía ver las estrellas.

—*Esta pulla me la quito yo, cueste lo que cueste* —me decía a mí mismo.

Me envolví el dedo con esparadrapo de tela y encima, otro de papel. Cambiaba el esparadrapo de papel todos los días para proteger y mantener intacto el de tela. Lo aseguré de tal manera que ni el agua de la ducha pudiera despegarlo, y lo mantuve así todo el tiempo que duró la cura.

Pasadas unas semanas, retiré el esparadrapo y la punta de la pulla asomó por entre la piel. Cogí unas pinzas y la saqué entera. Menos mal que no era de las pullas malas, porque de haberlo sido, la cosa habría ido a peor.

Los cortes, golpes, pinchazos y cuerpos extraños siempre me los he curado yo mismo, sin necesidad de atención sanitaria, y nunca me ha ido mal.

Perico *el de Botón*, compañero portuario, llegó una mañana con gesto de dolor y lágrimas en los ojos porque el día anterior una fatídica pulla de melva se le había clavado entre la uña y el dedo. No había pegado ojo en toda la noche y sentí verdadera compasión por su aflicción, porque yo había pasado por algo parecido el año anterior.

—*A ver Pedro, déjame ver el dedo* —le dije.

En un acto instintivo, le sujeté con fuerza el dedo entre mis manos y, con los dientes, alcancé la punta de la espina y se la extraje de un tirón. La alegría del desdichado Pedro fue inmediata al comprobar que la maldita espina estaba entre mis dientes y no en su dedo.

La pulla de melva y la de boga son especialmente dañinas, porque los tejidos del cuerpo no pueden deshacerlas: permanecen intactas en el interior, provocando un dolor punzante continuo en el intento inútil del organismo por expulsarlas.

Los futbolistas al balón y los lavadores a sus caballas

Una tarde de un sábado de marzo de 1974, mi compañero Ramón Alvarado y yo descargamos un tráiler repleto con quinientas cajas de caballas. La faena se nos recompensó con 1.800 pesetas a cada uno. Dispuestos ya a marcharnos, nos asaltó el encargado de la fábrica de Aniceto para que rematáramos una tarea que habían dejado a medias cuatro futbolistas del equipo del Barbate.

La batalla no se estaba jugando en el campo de fútbol, sino en la misma fábrica: quedaban por descargar cuatro mil cajas más, también de caballas procedentes de la Bahía.

El contacto de aquellos futbolistas con Aniceto se había producido a través de Luis, presidente del equipo barbateño y primo suyo. Probablemente, al ver semejante cantidad de cajas, decidieron tomárselo con calma y se agenciaron una botella de coñac para entrar en calor y levantar el ánimo, con la intención —o la excusa— de anestesiar la dureza del trabajo.

La secuencia de la faena era siempre la misma: desembarcar las cajas, echarles hielo, colocar los barrotes y apilarlas en palés para su posterior almacenamiento en las cámaras.

Las pilas de dos de ellos se agotaron al poco tiempo, y fue por esa razón por la que contactaron con Ramón y conmigo. Entre los cuatro organizamos el trabajo: uno ponía los barrotes, otro echaba la nieve y los otros dos colocábamos las cajas en los palés. Terminamos a las seis de la mañana del día siguiente.

El lunes, a primera hora, Ramón y yo volvimos para echar nieve a las caballas, nada menos que tres toneladas. Un trabajo penoso, pero muy bien remunerado: gané 5.000 pesetas, hace ya treinta y siete años.

Los anzuelos de la suerte

A las agujas palás y a otros marrajos que entraban por la lonja les extraíamos los anzuelos con los que habían sido capturados. Dos de mis compañeros los coleccionaban para darles uso más adelante; yo, en cambio, los fui guardando sin otro propósito hasta reunir unos cuatrocientos.

Al final se los ofrecí al armador del barco La Juani, llamado Frasquito. Cada vez que me lo encontraba de frente me decía, medio en broma, medio en serio:

—*¡Ojú, Juan, a ver si te pago los anzuelos!*

Y yo siempre le respondía lo mismo:

—*Pero hombre Frasquito, si no te pido que me los pagues con dinero; ya me pagarás cuando traigas un viaje de pescado bueno.*

Una tarde La Juani desembarcó en el puerto con cien lijas, tiburones de pequeño tamaño y bastante menos sabrosos que el marrajo azul. Frasquito saldó la deuda con tres lijas, que yo vendí por 6.800 pesetas.

Los lavadores se integraron en La Colla

En 1974, la Organización de Trabajadores Portuarios (OTP), organismo dependiente del Ministerio de Trabajo y Seguridad Social, integró a todos los trabajadores relacionados con la estiba en muelles y puertos. De esta manera, los lavadores pasamos a fusionarnos con los trabajadores de la Colla en una única sección.

Dicho organismo dictó una ordenanza en marzo de 1974 en la que se regularon las relaciones laborales, la asistencia social y sanitaria, el establecimiento de un salario y, en general, la organización y el mantenimiento de un sistema de trabajo adecuado para la realización de las operaciones portuarias. Con la entrada en vigor de la nueva reglamentación nos despedimos del saladero de Troyano y también de la jarampa como medio para conseguir algún dinero extra.

Cristóbal, el funcionario de la Colla, pasaba lista todos los días a las ocho y media de la mañana. A las nueve tocaba la campana para avisar de la entrada, y la volvía a tocar a la una de la tarde para dar de mano. La jornada se reanudaba a las tres de la tarde y se prolongaba hasta completar las ocho horas. A mediodía, si se esperaba la llegada de algún barco para atracar o de algún camión para cargar, un grupo de guardia prolongaba la jornada más allá de la una; y si después de las ocho el trabajo no había terminado, todos alargábamos la jornada.

José Luis, otro empleado que ejercía las funciones de escribiente, se encargaba de organizar los turnos y de realizar los pagos. El ingreso de Cristóbal como empleado del puerto fue avalado por Miguel Caseta, conocido empresario de Barbate que regentaba una carpintería, y a quien siempre he tenido en muy buena estima por su generosidad y afabilidad. Una Navidad nos obsequió con mil pesetas a repartir entre seis por retirar unos barrotes de su carpintería, entre otros muchos encargos. Cada vez que me cruzaba con él no esquivaba el saludo y siempre se interesaba por mi trabajo en la lonja.

El sordomudo que contaba historias

Mi amigo Chan era trabajador de la Colla, conocido desde mis comienzos en la Lonja Vieja en 1957. Chan era sordomudo, pero charlaba por los cuatro costados.

Antes de ingresar en la Colla estuvo embarcado en un pesquero que faenaba por Larache. El reducido espacio de los catres destinados al descanso de los marineros era una característica común de todos los barcos, ya que prácticamente la totalidad de la bancada se ocupaba con el pescado. Me puedo imaginar cómo descansaban aquellas criaturitas en aquel habitáculo angosto y maloliente, debido a la nula ventilación. Las condiciones de habitabilidad de los barcos pesqueros de la época eran tan precarias que se convierten en una experiencia difícil de superar para cualquier persona.

Para colmo, veía cómo las ratas se embarcaban por los cabos de amarre desde el muelle, formando parte de la tripulación y paseándose a sus anchas de proa a popa y de babor a estribor. Una noche, mientras Chan dormía junto al resto de la tripulación, notó cómo el rabo de una rata le rozó los labios. Cuenta que fue tan grande el chillido que pegó, que toda la tripulación despertó sobresaltada; más de uno pensó: *"¡El mudo habla, el mudo habla!"*. En plena madrugada el susto fue descomunal y el alboroto que provocó, todavía mayor.

Cuando Chan contaba esta anécdota era para mearse de risa, porque tenía mucha gracia narrando historias y además se expresaba como los indios, lo que provocaba aún más carcajadas. Finalmente abandonó la mar y se fue a trabajar a tierra, en la Colla.

Cada vez que recuerdo esta historia caigo en la cuenta de que el trabajo en la mar no está pagado con nada. Las criaturas forzadas a trabajar de madrugada para calar sólo veían recompensado su esfuerzo si cogían pescado; si no, lo único que les quedaba era quitarse la ropa empapada y meterse en la taquilla para descansar, con la esperanza de que al día siguiente fuera de mejor provecho.

Hay barcos en Barbate que son más grandes, pero este amigo escogió uno de los más pequeños y su experiencia fue distinta. Año tras año, barcos grandes y pequeños que tantas veces cruzaron El Estrecho capeaban los temporales de levante, un levante que pintaba la mar de blanco por la cantidad de olas y espuma.

Actualmente en Barbate no quedan más de ocho o nueve barcos, muy lejos de los cincuenta o sesenta que había antes. Todos cruzaban el Estrecho cuando tiraban para Larache, pero tomaban un rumbo distinto según soplara poniente o levante: con poniente se enfilaban frente al cabo de Trafalgar, y con levante lo hacían desde Punta Paloma.

La Sonrisa del Régimen pescaba en Barbate

El Ministro Secretario General del Movimiento, don José Solís Ruiz, solía venir a pescar a la bahía de Barbate en una embarcación de recreo, acompañado por Juan *Mivida*, armador barbateño. Una tarde de agosto de 1975 apareció por el puerto y se dirigió a un grupo de marineros y portuarios, entre los cuales me encontraba yo. Con tono amable y campechano nos manifestó su preocupación por el conflicto pesquero con Marruecos y la parada forzosa a la que estaba sometida la flota barbateña.

De sus palabras salió aquello de:

—*¿Qué pasa pues?, ¿que no dejan pescar los moros, no?*—

en un gesto de cercanía hacia los presentes.

Por algo se le conoció como la Sonrisa del Régimen.

Los rincones perdidos de Conil y Roche

Conil en los años setenta se revestía de un atractivo turístico que aún no tenían otros pueblos cercanos y, como la familia de mi mujer era autóctona de esta villa, no había verano que no pisáramos sus calles, sus playas y sus campos. La tía de mi mujer, junto con sus primos y primas, vivían en el pueblo, pero también disponían de un pequeño cortijo en la zona de Roche, compuesto por tres dependencias muy rudimentarias, construidas con piedras, cal y vigas cilíndricas de madera que sostenían techos de paja. Las viviendas se disponían formando una U invertida en torno a un azufaifo que adornaba el patio central. Detrás de las estancias se abrían amplios terrenos con frutales variados: higueras, almendros y viñas.

La estancia situada en el centro estaba abierta al exterior, protegida por un cañizo y hacía las funciones de comedor y sala de estar. Al fondo, una puerta daba acceso a un único dormitorio con numerosas camas para el descanso de los propietarios. A la derecha del azufaifo se encontraba el cobertizo, dividido en dos estancias comunicadas entre sí: en la primera se alojaban tres camas para los invitados y la contigua servía de melonar, impregnando ambas de un aroma dulce y constante.

Mi hijo Jose Mari en el campo de Roche

En el lado izquierdo del azufaifo se situaba la cocina, muy oscura, ya que las higueras que la rodeaban dejaban pasar muy poca luz a través de una pequeña ventana trasera. De sus paredes colgaban todo tipo de utensilios: sartenes, peroles, ollas, cucharas y lebrillos. Sin embargo, en este espacio solo se guardaban y preparaban los alimentos y se fregaba la loza, pues la elaboración se realizaba en una pequeña choza exterior, a la que se accedía por un pasillo lateral. La choza, construida con cañaveral y cubierta por higueras, albergaba un fogón entre piedras y un trébede donde se apoyaban los recipientes. Entre el humo del fuego, el olor de la comida y los hilos de luz que se filtraban entre hojas y cañas, aquel lugar adquiría un ambiente casi mágico. Recuerdo cómo a mis hijos les encantaba colarse allí cuando una prima de mi mujer removía la perola; ellos imaginaban que una bruja —en este caso buena— preparaba una pócima mágica.

A mis hijos y a mi mujer les unía mucho aquel lugar porque, de algún modo, los devolvía a lo más natural y primitivo: al contacto directo con el mundo rural en un momento único e irrepetible. Y vaya si lo fue, porque el Roche actual nada tiene que ver con el de antaño, un espacio de campos y fincas que daban de vivir a muchos conileños.

Yo aprovechaba los fines de semana para desplazarme a Roche y reencontrarme con mi familia. Tomaba el coche de línea de Comes hasta Conil y, desde allí un taxi que recorría veredas estrechas de tierra a través de terrenos privados, por un precio de veinticinco duros por trayecto. La playa, situada a más de una hora a pie desde el campo, constituía una magnífica excursión de jornada completa hacia las incomparables calas de Roche.

Para mi familia, Conil era otro de los grandes alicientes del verano. Y así como Roche resultaba un lugar memorable para mis hijos, El Huerto representaba otro punto de encuentro donde pasábamos algunos días de asueto. Se trataba de un recinto con habitaciones dispuestas a lo largo de un pasillo semicircular al descubierto, que lindaba con un extenso huerto próximo a la playa de Los Bateles. Un pequeño muro separaba el pasillo del huerto y al fondo, unas palmeras muy altas anunciaban la cercanía del mar. Una pequeña alberca, alimentada por una acequia de riego, hacía las veces de piscina improvisada para el disfrute de mis hijos.

La finca la regentaba Juana Gallardo, propietaria del lugar y también encargada de alquilar las habitaciones. Sus inquilinos habituales procedían, en su mayoría, de Sevilla, y repetían año tras año, fieles a aquel enclave tranquilo y pintoresco, atraídos no solo por el entorno, sino también por la amabilidad y el acogimiento que siempre ofrecía Juana Gallardo.

La Sardinada, fiesta del atracón

La Fiesta de La Sardinada constituía un día único en las ansias de Barbate por ofrecer al mundo entero lo mejor que tenía: sol, playa y sardinas. Acudía gente de muchos pueblos, cercanos y no tan cercanos. Un incontable número de autocares aparcaban en las inmediaciones de las duchas próximas a la playa del Carmen y arrojaban cientos y cientos de almas a la busca y captura de alguna sardina asada.

Las autoridades del pueblo, muy generosas, ofrecían no solo una sino muchas sardinas, a familias completas, para el atiborramiento de sus estómagos. Los visitantes aguardaban en largas colas hasta que el reloj marcaba las once de la mañana, momento en el que se levantaba la veda y podían "pescar" un plato con una docena de sardinas.

Al menos veinte cocineros, consagrados a la parrilla, daban de comer a miles de criaturitas. Los visitantes más impacientes desistían de hacer cola y preferían comérselas en algún bar del pueblo y pagarlas; era preferible degustarlas tranquilamente —es un decir— que soportar empujones, embestidas e improperios de los iracundos, víctimas del calor y la insolación.

A pesar de que en la playa del Carmen no cabía ni un alfiler, la marabunta de turistas, hambrientos bajo las sombrillas, regresaba a sus localidades ahítos de sardinas, pan, tortillas camperas, pimientos fritos, filetes empanados y tajadas de sandía; muy reconfortados por el sol, la playa, el baño y, lo más importante, ni una sola gota de levante.

A unos ochenta metros de la costa, una barca de la Almadraba servía para la Cucaña: un palo de la luz de unos siete metros, bien engrasado y atado a la proa, que se utilizaba como desafío para zagales y valientes. Con empeño y mucha dificultad intentaban atrapar la bandera situada en el extremo. La mayoría no alcanzaba ni la mitad del palo, y la prueba se alargaba hasta bien entrada la tarde, hasta que, por fin, el más pertinaz conseguía arrebatar el trofeo.

Como venía siendo habitual, mis tres cuñados regresaban al pueblo por vacaciones. En el verano de 1977 decidimos, cómo no, pasar La Sardinada en la playa, justo detrás del Consorcio. Una avanzadilla de cuatro —los más tempraneros— nos levantamos a las seis de la mañana para marcar territorio, visto cómo achicaba la playa con el número tan desorbitado de visitantes.

Instalábamos unos sombrajos con palos y colchas viejas y, cuando ya estaba todo montado, me disponía a preparar la nevera natural que había patentado en otras excursiones playeras. Excavaba cuatro hoyos en la arena, a pie de playa: uno para la cerveza, otro para los refrescos y otros dos para el agua. Las bebidas se metían en bolsas de plástico junto con el hielo, se cerraban bien y se introducían en los hoyos, que luego se cubrían con arena para preservar el frío. Me entregaba de lleno a los preparativos y a las labores de intendencia para que no faltara detalle y, por supuesto, para que todos estuvieran a gusto.

Cuando terminamos de instalar los enseres, procedimos a retirar una caja de sardinas de veinte kilos que un conocido nos tenía reservada. Buscábamos leña por los alrededores del Consorcio para hacer fuego, y mi cuñado Frasquito, que ya apuntaba maneras con las planchas y cocinas, se encargó de brasear las sardinas. Yo, por mi parte, mantenía en perfecto estado de refrigeración las bebidas para niños y mayores.

No soy amante ni de playas ni de sol, así que me refugiaba bajo el toldo durante todo el día, cerca de mi improvisada nevera. Las sardinas supieron extraordinarias —en agosto se aprecia más su sabor—, acompañadas de diez tortillas camperas, siete kilos de pimientos fritos, ocho kilos de pan y unos cuantos melones, preferibles a la sandía porque resulta muy indigesta para el baño. ¡Qué panzada de comer! Por eso, y como está mandao, los niños tuvieron que esperar las dos horas reglamentarias de digestión antes de volver al chapuzón.

Un día de Sardinada con la cucaña a la derecha. (Fuente: Barbate, imágenes de ayer).

Abandonamos la playa sobre las nueve de la tarde, algunos con ganas de quedarse más tiempo, porque sin duda es la mejor hora para disfrutarla. ¡Echamos un día extraordinario! A la vuelta, más de uno me pedía agua fresca gracias al sistema de refrigeración natural. Para todo aquel que quiera pasar un día de playa con bebidas frías, le recomiendo la nevera soterrada de Juan Rossi. Aún no está patentada la idea.

La edad dorada de El Mataviejos

El Segundo Hermano Reyes era un barco de la flota barbateña con el sobrenombre de El Mataviejos, llamado así porque su tripulación estaba compuesta por marineros que superaban los cincuenta y cinco años de edad. No obstante, la avanzada edad no suponía merma alguna en la capacidad productiva del pesquero; más bien todo lo contrario, pues era uno de los barcos más rentables de Barbate, seguramente por la experiencia acumulada a lo largo de tantos años de mar.

Su dueño y patrón era Antonio Reyes, persona de trato rudo y formas secas, conocido también por su escasa generosidad entre los habituales del puerto. Dicho de otra manera: no regalaba pescado a nadie.

Un día, El Mataviejos arribó cargado de doradas de entre tres y cinco kilos, pescadas en la misma Bahía de Barbate, y gracias a un amigo embarcado en el pesquero me regalaron una. ¡Poco contento que me fui a casa!

En otra ocasión, el historial de capturas del barco apuntó una cantidad nada despreciable: trescientos kilos de besugos. Mi compañero Ramón y yo, como quien no quiere la cosa, le insinuamos al patrón que nos obsequiara con alguno.

Sorprendentemente, Antonio Reyes, algo irritado, soltó:

—*Trae p'acá ese salabar de besugos, ahí tenéis p'a los dos.*

De pronto, Ramón y yo nos vimos con dieciséis kilos de besugos en las manos, sin dar crédito a aquel derroche de generosidad, revestido eso sí de tanta arrechura. A partir de ese arrebato, la idea que tenía de Antonio Reyes cambió por completo.

La flota de doce barcos de Antonio Reyes, incluido El Mataviejos, terminó reduciéndose a un solo pesquero, El

Hermano Reyes, que acabó también en el desguace, como tantos otros barcos de Barbate.

Las ampollas de la Yerbabuena

El 25 de julio celebrábamos el día del Patrón Santiago en la playa de La Yerbabuena, con un calor que hacía estragos. Por entonces íbamos a pie, hasta llegar a un lugar próximo a los restos del buque encallado en la arena, La Perla del Océano. Nos reunimos alrededor de unas treinta personas entre amigos y familiares y, como ya era habitual, yo me había especializado en la logística de este tipo de salidas. Junto a otros dos formábamos el grupo de avanzadilla para ocupar el terreno, montar los sombrajos, conseguir la nieve y organizarlo todo.

No disponíamos de vehículo para el transporte, así que cargábamos todo a hombro y, una vez allí, soterrábamos las bebidas en la arena para mantenerlas frías.

Hacía un día muy caluroso, requisito indispensable para disfrutar más del baño, sobre todo los niños y también los mayores que gozan con el agua y el remojón. Todos menos yo, que juré no volver a pisar la mar salada desde el naufragio vivido en 1944. Mi indumentaria playera consistía en pantalón largo y camisa de manga larga, la habitual de todos los días. Sin embargo, debido a las altas temperaturas, decidí quitarme la camisa y quedarme con la camiseta interior de tirantes.

Cuando dieron las tres, empezamos a comer y a beber. La cerveza daba gusto beberla. ¡Tan fresquita!, y todos alababan el invento de Juan y su nevera ecológica. Grandes y chicos pedían el refrigerio y yo lo servía gustosamente, procurando dejar bien tapados los hoyos para no perder ni un solo grado de frío.

En torno a las nueve de la tarde-noche empezamos a recoger. La vuelta se hizo más ligera, pero ya estábamos agotados y con ganas de llegar a casa. A la altura del Corral empecé a notar una fuerte quemazón en los hombros y no me sentía nada bien; por momentos el cuerpo me ardía cada vez más y los hombros y la cara me abrasaban. Caminaba sin poder tirar de mi alma, que no las quería.

Cuando por fin llegué a casa, las ampollas sobresalían en los hombros y tenía cuarenta grados de calentura. Era el resultado de todo un día expuesto al sol, pendiente de mi nevera de arena.

Pasé muchos días con el cuello y los hombros llenos de ampollas que parecían huevos fritos. La peor parte la sufrí en el trabajo, porque todo el que llegaba me saludaba con un *¡hola Juan!* y un manotazo en la espalda. Tanta cortesía por parte de mis compañeros me parecía más una cabronada que otra cosa.

Al segundo día, mientras me lavaba las manos después de haber limpiado mucho pescado y ya bastante escarmentado de las palmaditas, me sorprendió una por detrás y, antes de que acabara el saludo, me volví iracundo:

—*¡Coño Joaquín! ¡Diez años sin verte y joder, me tienes que sobar la espalda quemada!*

Joaquín se disculpó, pero la espalda y los hombros seguían gritando de dolor, y así estuve más de dos semanas, hasta que la piel se regeneró por completo.

Después de esta experiencia me reafirmé, no solo en no volver a bañarme en el mar, sino también en no volver a descamisarme en la playa.

La etapa de las marrajeras

En 1979, gracias a la visita del rey Juan Carlos a Marruecos, se alcanzó un acuerdo transitorio que permitió reanudar la pesca en aguas marroquíes, aunque con un recorte considerable de capturas impuesto por el país alauita. Este periodo de transición desembocó en 1983 en el primer acuerdo estable sin precedentes. Aquellos años transcurrieron con cierta normalidad, aunque la noticia de algún apresamiento no pillaba por sorpresa a nadie, porque a estos incidentes nos tenía acostumbrados el país vecino.

La lonja volvió a ser lo que fue: una vorágine de marineros, comerciantes, transportistas y curiosos, envueltos en un ambiente frenético y ensordecedor. De nuevo el dinero entraba sin llamar en los hogares, porque diariamente partían pesqueros hacia Larache.

Se regresó a la captura del boquerón, pero también, al abrigo del puerto, atracaban marrajeras repletas de marrajo azul o lobito, jaquetones o marrajo blanco, atunes de hasta 400 kilos, pez espada, espetones y tintoreras. Se me viene a la memoria la huelga que paralizó el puerto de Algeciras y obligó a que muchas marrajeras fijaran su destino en el puerto de Barbate. De un extremo a otro de la lonja, cientos de jaquetones se alineaban formando una estampa singular, mientras que los tres que nos dedicábamos a la limpieza del pescado no sabíamos por dónde empezar.

Para El Mudo, Rivera y para mí supuso una etapa de faena intensa, pero también de la que nos beneficiábamos. Las huevas, grilletes y corazones de las agujas palás los rescatábamos y se los vendíamos a propietarios de puestos de pescado como *Patita*. Las aletas de las tintoreras o caellas se las vendíamos a compradores de Algeciras y Casas Viejas, que a su vez las destinaban a restaurantes de Madrid para hacer sopa con ellas, igual que los japoneses.

Las capturas de las marrajeras destacaban por el gran tamaño de las piezas. En una ocasión limpié un lobito de 180 kilos, del que extraje ocho kilos de carne de la cabeza, que repartí entre mis compañeros.

Arribaban también palangreros al puerto de La Albufera que descargaban rayas bramantes, chuchos, congrios, pintarrojas, morenas y otras especies de gran tamaño cogidas con anzuelos. El chucho es una raya pequeña con una pulla muy peligrosa y una carne poco apreciada por entonces. Una vez dejaron uno en la lonja, lo limpié y le saqué treinta tajadas que me llevé a casa para que mi mujer las aderezara en adobo. Tras un día en aliño, las frió y su carne ganó en sabor y apariencia: parecía nácar, de lo blanca que estaba. En eso consiste el milagro del adobo, que recompone cualquier pescado de dudoso paladar; hasta las bogas cobran gusto.

A los palangreros especializados en la captura de agujas palás se les llamaba agujeros, y se dirigían al Mar Negro, no el de Asia, sino el que se sitúa frente al cabo Trafalgar. Llamaban así a esa zona porque los barcos, al salir de madrugada, se alejaban tanto de la costa que no alcanzaban a verla; solo divisaban un manto negro entre el cielo y el agua. Volvían al puerto a las tres o cuatro de la tarde.

Barbate volvió a sonreír. Un espíritu de alegría se coló por cada rincón y esquina del pueblo. Se respiraba un ánimo más optimista; veías gente pasear a todas horas, especialmente de noche, cruzándote con jóvenes cuando el sol aún no había salido. Muchos de los que emigraron regresaron a Barbate para probar suerte de nuevo en la mar, llamados por patrones que no disponían de tripulación suficiente para salir a faenar.

Un día magnífico de venta podía alcanzar las cuatro o cinco mil cajas de pescado, razón por la cual los grandes exportadores de Algeciras establecieron en Barbate su núcleo logístico. Me atrevo a decir que Barbate fue uno de los pueblos que mayor volumen de exportación pesquera alcanzó a comienzos de los años ochenta.

Los boquerones se distribuían por toda la geografía española; Madrid y Sevilla eran las capitales que más los consumían. Recuerdo cómo un sábado por la tarde arribaron al muelle 17.000 cajas de boquerones, y unas 5.000 tuvieron que quedarse en la lonja porque no había camiones suficientes para su transporte. Aquella tarde fue de locura: el equipo de portuarios al completo quedamos extenuados de tanto cargar. No dábamos abasto para bregar con cajas que superaban los 30 kilos, porque los boquerones eran gordísimos.

Pero Barbate, envuelto en la euforia del momento, no fue capaz de vislumbrar otro futuro que no fuera el ligado exclusivamente al mar. No supimos prever que la sobreexplotación del golfo de Cádiz y la incertidumbre del caladero marroquí eran hechos inevitables. Con el júbilo de entonces, no supimos distinguir el pan para hoy y la hambre para mañana.

En la actualidad quedan muy pocos barcos barbateños en activo. Antes de 2011, año de la suspensión del último acuerdo pesquero con Marruecos, solo pescaban cinco barcos en aquel caladero. Y aún menos rentable resulta hoy faenar en el golfo de Cádiz, donde las especies están agotadas. Pasan los días y las semanas sin nada que extraer del mar, y el único fruto que se obtiene es la frustración de los marineros al comprobar las manos y los bolsillos vacíos.

Los caracoleros aficionados

Una mañana de mayo de 1984, los amigos Antonio Espejo, Antonio Notario y yo nos subimos en un *Seat 850* para ir a coger caracoles en dirección a Zahara de los Atunes. Me estrenaba en esta práctica y vaya la panzada de andar que nos dimos por toda la campiña. Íbamos perfectamente ataviados, con nuestras cribas para separar los grandes de los chicos. Para ser la primera vez no se me dio mal: reuní nueve medios.

Sin embargo, la excursión caracolera me salió cara. Cuarenta duros de gasolina, más treinta duros en refrescos que nos tomamos en Zahara, y todo porque ninguno de mis amigos llevaba dinero en los bolsillos. Ya se sabe: al final siempre paga el mismo.

Cuando llegué a casa repartí para la familia y me quedé con dos medios. Acto seguido le dije a mi mujer:

—*Si se te antojan caracoles, vete a la plaza a comprarlos, porque el menda ya no va más a buscarlos.*

De eso hace 26 años, y nunca he faltado a mi promesa.

Antes sí que se salía al monte a coger caracoles; era una afición más de los moradores de Barbate. La temporada no duraba más de dos meses, entre mediados de abril y junio. Se recolectaban para consumo propio, no como ahora, que se hace principalmente para venderlos. Su elaboración exige mucho trabajo previo y pocos están dispuestos a perder una mañana entera para prepararlos. Además, a finales de junio ya es imposible cogerlos porque los piojos de las cigarras se ensañan con los caracoleros, y más de uno acaba saliendo por piernas en busca del agua del mar para aliviar la picazón insoportable que provocan sus picaduras.

Mi cuñado Frasquito cocina los caracoles como nadie. Regenta un bar muy conocido en Barbate precisamente por sus caracoles. El patio comedor trasero se pone a reventar de clientes que hunden los dedos en el caldo para aprovechar hasta el último molusco del fondo, además de los muchos que vende para la calle. Ha llegado a guisar hasta diez ollas al día, y cada una lleva dieciocho medios.

Como ya dije, es un trabajo manual previo muy agotador, porque para obtener un caracol limpio hay que purgarlos a conciencia, con mucha agua y paciencia. A las cinco de la mañana los brazos de Frasquito empezaban a menear caracoles como aspas de molino, y no acababa hasta bien pasadas las seis.

Frasquito (1d) y la Melliza (2d) con otra pareja paseando por la carretera del Puerto.

Forasteros de Madrid, Barcelona e incluso de Las Palmas de Gran Canaria se llevaban varias tarrinas para el viaje de vuelta, porque el caracol bien cocinado admite la congelación sin perder ni pizca de sabor.

Sigan hablando de Paquirri como si tal cosa.

Cada mañana antes de empezar a trabajar, frecuentaba el bar Parada para tomar una infusión de manzanilla; otras veces me la tomaba en el chiringuito de Manuel Vélez, a la entrada del puerto. Una mañana de septiembre, entré en el chiringuito y me enteré por sorpresa de la muerte de Paquirri, cogido por un toro el día anterior. La noticia conmocionó al conjunto del pueblo y resto de España, y si no fuera porque en la tasca se encontraba el periodista y reportero Javier Basilio, conocido por sus grandes bigotes, todavía hubiera mostrado incredulidad ante el fatídico evento.

El profesional de la televisión aterrizó en Barbate muy temprano para recoger in situ las reacciones de sorpresa y aflicción de los paisanos del diestro. Con gesto directivo nos ordenó: *"Ustedes charlen de Paquirri y no echen cuenta de nuestra presencia"*. Dos cámaras de televisión recogían los comentarios de la improvisada tertulia de barra: *"Paquirri era un torero extraordinario, el mejor torero de estos tiempos", "no me lo puedo creer, con lo que quería a su pueblo y a su Medinaceli", "su padre tiene que estar destrozado", "pues Riverita tiene que estar peor porque eran uña y carne"*... así hasta completar una hora de forzada conversación, sin saber qué más decir del difunto Paquirri. Tuve que pedir otra manzanilla porque una única infusión no bastaba para una hora de palique.

Javier Basilio nos aseguró que emitirían el reportaje en el Informe Semanal de la siguiente semana. Sin embargo, los cuatro improvisados actores nos dimos de bruces al comprobar que no aparecimos en ningún fragmento de la emisión, ni siquiera en los créditos. Después de 26 años de la muerte de Paquirri, todavía no han emitido aquella toma en el chiringuito de Manuel Vélez, y confieso que cuando conmemoran la muerte del torero me trago entero cualquier programa televisivo para ver si salgo en la pantalla.

Paquirri fue un gran espada, lo conocí cuando era un chavea y ya demostraba mucha destreza para la lidia, de hecho, cuando lo vi torear siendo niño, le dije a un señor que se encontraba a mi lado *"este niño sale torero"*, y así fue. Lo vi torear en Sevilla en 1966 junto a su hermano Riverita y Tinin, y luego en 1983 y 1984 en el Puerto de Santa María, donde repitieron cartel Paquirri, José Luis Galloso y José Mari Manzanares; ninguna de las dos corridas fue buena.

No volví a asistir a ningún espectáculo taurino hasta la feria de abril de 1994, con ocasión de la estancia de mi hijo José Mari en Sevilla. Mi hijo consiguió las entradas al precio de 4700 pesetas cada una, y fuimos acompañados de mi esposa Josefa y mi yerno Juan. Aquella tarde toreó Curro Romero, Chamaco y Espartaco, éste último cortó una oreja y a Curro le llovieron las almohadillas.

Al año siguiente, mi hijo se empeñó en llevarme otra vez a la Maestranza pero esta vez fuimos los dos. El cartel estaba compuesto de los diestros Julio Aparicio, Finito de Córdoba y Jesulín de Ubrique; buen cartel pero con un resultado tan decepcionante que tres toros fueron devueltos al corral. En ese momento tomé la irrenunciable decisión de no acudir más a los toros y le dije a mi hijo que no se tomara más molestias en comprar los pases, y desde entonces no he vuelto a ir.

La desintegración de la OTP

A principios de los años ochenta empezaron los follones gordos en los puertos y ya se notaba en el ambiente que aquello no iba a traer nada bueno. En el muelle se respiraba inquietud y desconfianza, como si algo se estuviera rompiendo sin que nadie supiera muy bien cómo iba a acabar.

La OTP no era ninguna maravilla, pero al menos sabíamos cómo funcionaba el puerto. Había un orden: te tocaba trabajar o no te tocaba, y cada uno conocía su sitio. No se vivía con la sensación de que de un día para otro todo pudiera cambiar sin explicación. Pero empezaron a hablar de reformas, de modernizar, de que sobraba gente… y ya se sabe lo que suelen significar esas palabras cuando salen de un despacho.

En el muelle se hablaba claro, sin rodeos:

—*Aquí lo que quieren es quitarnos del medio.*

Los sindicatos decían lo mismo que decíamos nosotros tomando café: que no se podía sancionar a alguien porque a un jefe le diera la gana, que no se podía trabajar siempre corriendo y que quien llevaba media vida en el puerto merecía, al menos, un trato digno. Pero las empresas querían mandar solas, sin dar explicaciones a nadie.

Llegaron las huelgas y los parones. Unos días se trabajaba y otros no, y siempre con el runrún de qué pasaría mañana. La incertidumbre se instaló en el puerto y empezó a formar parte de la rutina.

Con el tiempo cambiaron la ley y la OTP se fue diluyendo. Nos integraron en nuevas sociedades y la forma de trabajar ya no era la misma. El puerto siguió funcionando, porque el pescado no espera, pero el ambiente había cambiado. Donde antes había cierta seguridad empezó a haber preocupación, y donde antes el muelle estaba lleno de gente, cada vez se veía menos movimiento.

Y así fue como nos cambiaron el puerto sin preguntarnos.

El salvavidas de la jubilación

En noviembre de 1986, tres representantes de la Coordinadora de Estibadores, sindicato mayoritario de los portuarios, convocaron una reunión para informarnos de los cambios que se avecinaban con la nueva ley del puerto y nos dijeron que todo aquel que cumpliera una serie de requisitos podía acogerse a una jubilación anticipada cobrando el cien por cien del sueldo.

Ramón Alvarado, Juan Sousa, Antonio Ríos y yo reuníamos esas condiciones y no dudamos en iniciar los trámites de inmediato.

A la mañana siguiente nos fuimos a la Delegación de Trabajo en Cádiz para preguntar qué documentación hacía falta. Nos pidieron la partida de nacimiento, que tuvimos que solicitar en Vejer porque no figurábamos inscritos en Barbate, y tras muchos viajes a la Casa del Mar de Cádiz, donde estaba la oficina de la OTP, conseguimos presentar todos los papeles.

Los jornales que perdimos por tantos viajes a Cádiz nos los compensaron con el paro, y el último día de trabajo fue el 25 de noviembre de 1986.

Aquel día los portuarios de la Colla nos enfrentamos a nada menos que 12.000 cajas de boquerones, en una jornada que se alargó hasta las doce de la noche. Mi último día en activo fue memorable y muy representativo del volumen de trabajo que he soportado durante mis 35 años de vida laboral. La cantidad que cobré también fue memorable: 12.500 pesetas.

A los pocos días volví a Cádiz para recoger el cheque nominal que me entregaron en la oficina de portuarios de la Delegación de Trabajo: 20.000 duros en concepto de liquidación. Mi mujer me acompañó, aprovechando que tenía que ir al dentista por el casco antiguo, cerca del Banco de Andalucía en la plaza del Palillero, donde cobramos el cheque. No podíamos disimular la alegría ni quitarnos esa sonrisa tonta; en el Comes alguno pensaría que íbamos un poco idos.

Así fue como, con 56 años, me jubilé. Y como suele pasar a quienes hemos entendido el trabajo no solo como un medio para vivir, sino como parte de la propia vida, la jubilación dejó un vacío difícil de llenar. La necesidad de trabajar para salir adelante se me metió en el cuerpo desde niño, y toda mi vida giró alrededor del trabajo, con lo bueno y con lo malo.

Por suerte, hoy el trabajo ya no va tan unido al dolor, a la penalidad y al sacrificio como antes. La seguridad en el trabajo ha ido ganando terreno y cada vez se cuida más, también porque los métodos han cambiado y, en mi caso, el manejo de cargas está más controlado y mecanizado. Pero también vuelven a asomar tiempos pasados: precariedad, trabajo a destajo, jornadas largas y mal pagadas, y paro, sobre todo cuando vienen mal dadas y el trabajo escasea.

Ya jubilado, me acercaba muchas veces al puerto para ver a los compañeros y para "pescar" algún que otro ofrecimiento. Fuera del puerto, me llamaron de la fábrica del Rey de Oros para limpiar cabezas de atún. Por entonces los japoneses se llevaban el tronco y Aniceto aprovechaba las cabezas para conserva, sacando morrillos y parpatanas. Tenía ganas de seguir en la brecha, pero al final rechacé el trabajo porque con la pensión teníamos bastante para vivir con tranquilidad.

En aquellos años finales de los ochenta, en el copo de las almadrabas entraron muchos atunes. Tres barcos japoneses esperaban en la bocana del puerto los ejemplares de Tarifa, Zahara y Barbate. Los japoneses se dejaban ver por el pueblo durante toda la temporada del atún de derecho, el tiempo justo para que sus rasgos dejaran de llamar la atención en los bares. La Almadraba mantenía una piscina con atunes del revés para venderlos según pedían; el ronqueo se hacía en la fábrica de hielo y el pescado salía en avión.

Mi etapa en el bar de Frasquito

Después de jubilarme ocupé muchas horas ayudando en el bar de mi cuñado Frasquito en lo que mejor sabía hacer: limpiar pescado. Limpié de todo lo que salía por la carta: chocos, calamares, lobitos y otras especies. Aquello me devolvía a la esencia misma de mis comienzos en el saladero.

El bar de Frasquito, además de darme ocupación y hacerme sentir útil, me sirvió para seguir en contacto con la gente del pueblo y con la que venía de fuera. Por allí pasó mucha gente conocida, tanto del cante como de la vida pública: Cándido Méndez, José Meneses, Rancapino, Betty Misiego, Ismael el de Gran Hermano, Paco Pérez, presentador de Canal Sur… Pero lo que más me llenaba era escuchar a los clientes decir lo buenos que estaban los platos y lo a gusto que se iban.

En la tienda de mi cuñado se han jugado muchas partidas y campeonatos de dominó, y en bastantes he participado yo. He jugado con muchos compañeros: Miguel Reyes, Sebastián el de *la Caballita*, *Gorrión*, mi primo Paco el de *la Camiona*. Y fuera de campeonatos, son muchos los que van todos los días a echar su partida. Yo, cuando termine de escribir este capítulo, me iré al bar a jugar una. Así me distraigo y vamos echando el tiempo fuera.

Con mi primo Paco La Camiona (d) en una competición de dominó

Las Maravillas del Saber mantienen mi cabeza activa.

Voy a hablar de mis seis nietos. El mayor tiene 24 años y estudió Matemáticas en Sevilla; la segunda tiene 21; otro cumplió 12, y los tres restantes tienen 9 años. Dos de mis nietas son mellizas y viven en Sevilla. A todos ellos les he dado parte de mi tiempo y todo mi cariño. En particular, a los dos mayores los llevaba y recogía del colegio durante mucho tiempo; a mi nieta Gloria le encantaba que la llevara en hombros, privilegio que su hermano, por ser mayor, le cedía sin protestar.

Los domingos me los llevaba a pasear al parque para dar de comer a los patos. Fueron tantas las bolsas de gusanitos y palomitas que les dimos que los pobres animales acabaron con sobrepeso y más de una indigestión.

Diariamente me levanto a las siete de la mañana, compro el pan y se lo llevo primero a mi hija y, un poco más tarde, a mi nuera. A mis nietos Manu y Adrián los llevo y los recojo del colegio. Después ayudo a mi mujer con los mandados y, cuando termino, me voy al bar de mi cuñado Frasquito a jugar la partida de dominó de rigor.

Antes de que caiga la tarde voy a ver a mi hermano Paco, también jubilado y postrado en una silla de ruedas por culpa de la mala circulación en las piernas. Luego es mi hermano Manuel quien recibe mi visita, y es raro el día que no discutimos; el día que no lo hagamos empezaré a preocuparme.

Si todavía es temprano, doy una vuelta por el pueblo y, de vez en cuando, de camino a casa, paso a ver a mi hermana Isabel. Antes de encerrarme, hago la última visita del día a mis nietos Manu y Adrián. Me encanta verlos recogidos, ya en pijama, delante de la televisión; Adrián siempre me espera para contarme su última aventura o algún logro del colegio.

A mis nietas de Sevilla no puedo llevarlas al colegio, pero si vivieran en Barbate tened por seguro que lo haría. El 22 de noviembre de 2010, a las diez de la noche, sonó el teléfono. Lo cogí y al otro lado oí unas voces cantándome el cumpleaños feliz. ¡Cuánta alegría me dio escucharlas felicitándome por mis 80 años! A esta edad, la mayor felicidad es verte rodeado de la familia. Nunca imaginé que llegaría a los 80 después de las condiciones en las que he trabajado.

En casa me harto de leer porque ahora tengo tiempo para casi todo. Me gusta la geografía y consulto unas enciclopedias tituladas *Las Maravillas del Saber*. En un bloc anoto datos sobre la extensión de los países, los océanos o la longitud de los ríos; luego los guardo en la memoria para ejercitarla y sacarlos en alguna conversación, si viene al caso. Según esas enciclopedias, la nación más extensa es la Unión Soviética, seguida de Canadá, China y después Estados Unidos, pero claro, esos datos son de entre 1974 y 1979. Mis hijos me dicen que ya no se corresponden con la realidad actual, sobre todo por la desaparición de la Unión Soviética y su fragmentación en muchos países, incluida Rusia.

Una Navidad mi hija y mis nietos me regalaron una enciclopedia actualizada, con información geopolítica moderna, pero yo sigo consultando *Las Maravillas del Saber*. Supongo que es porque pertenece al tiempo que me tocó vivir de lleno.

Jarillo, un lugar de ensueño

Jarillo siempre ha sido un lugar entrañable, antes y ahora. Antes, por ser referente para los barbateños que ganaban algunas perras en la recolección de piñas, y ahora por ser un lugar privilegiado donde naturaleza y ocio se estrechan la mano.

La primavera es una época especial para disfrutar de Jarillo, y son muchas las familias que acuden para disfrutar de un día de campo. En primavera y otoño, mi familia y yo al completo nos reunimos entorno a una comida campera y un fuego de barbacoa que están hechas de piedra y se reparten por toda la zona de esparcimiento. La afluencia de gente en sábados y domingos está siempre asegurada, incluso acuden autobuses repletos de gente de otras localidades. Qué lejos quedan aquellos años donde los vehículos de gasógeno eran los únicos que accedían al lugar para recoger toneladas de piñas y cáscaras.

Con mi nieto Juanma en Jarillo.

La máquina cardíaca necesita un engrase

El 9 de mayo de 2010 sufrí un infarto cardíaco. La noche anterior me acosté con un nerviosismo poco habitual, con la aprensión de no despertar después de quedarme dormido. No fui capaz de conciliar el sueño, pero tampoco quise preocupar a Josefa. Durante aquellas horas nocturnas mi cabeza estuvo atrapada en una angustia difícil de explicar y, a las seis y media de la mañana, no pude aguantar más. Desperté a mi mujer y le dije:

—*Llama a tu hija Leo, que no me encuentro bien.*

El sonido de la lluvia de aquel domingo de mayo acompañó a uno de los peores días de mi vida. Mi hija llegó enseguida con el coche y me llevó a la Casa del Mar. Allí me hicieron un electro y la médica decidió el traslado inmediato en ambulancia al hospital de Puerto Real. El trayecto lo hice con los ojos fuertemente cerrados, en parte porque el dolor en el pecho iba en aumento y se volvía cada vez más insoportable, como si tuviera una losa encima. Le pedí a Dios llegar cuanto antes al hospital.

Por suerte, el servicio de urgencias no estaba masificado. Se liaron conmigo siete u ocho sanitarios y comenzaron a darme pastillas, oxígeno con mascarilla y pinchazos durante al menos una hora, hasta que me trasladaron a la UCI.

Me atendió el doctor Losano, que me practicó un cateterismo que duró unos tres cuartos de hora. Cuando terminó y se quitaba la ropa de quirófano me felicitó:

—*Juan, se ha portado usted como nadie.*

Y todo porque no pié ni una sola vez. Me subieron de nuevo a la UCI y al día siguiente me retiraron la cura de la ingle derecha.

En la UCI estuve tres días que me parecieron tres años. Gracias a los horarios de comidas y de visitas sabía que el tiempo seguía avanzando allí dentro. Ya en planta, como no lograba orinar, me sondaron y lo que salía era sangre, hasta que poco a poco fue recuperando su color amarillo.

Me dieron el alta a la semana del infarto y, antes de marcharme, un enfermero me explicó mi nuevo plan de vida: que no hiciera sobreesfuerzos, que tuviera cuidado al subir escaleras y cuestas, que vigilara el peso, la tensión, la sal… En ese momento me acordé del barco que nos arrastró fuera de La Barra en 1944, procurando la salvaguardia tras la acometida impetuosa de las olas. Esta vez fue otro cabo el que me rescató del embate, devolviéndome a las Piedras del Castillo que había desenterrado bajo la arena de los tiempos. Desde lo alto respiré hondo, un aire húmedo y salado.

Las Piedras del Castillo

Bajo la arena de los tiempos

No recuerdo haber visto una bajamar tan grande como la que se produjo el 19 de marzo de 2011. La televisión y la radio lo anunciaron días antes, y yo la esperaba con mucha expectación. Muchos barbateños se concentraron en la playa, desde Rajamanta hasta La Barra, para presenciar la magnífica oscilación de la masa marina y la playa, que una vez más se convirtió en el lugar de mayor concentración del pueblo, como en los años treinta y cuarenta.

El acontecimiento merecía quedarse grabado en la retina, porque dejó al descubierto zonas de piedras que los más jóvenes nunca habían visto en la Playa del Carmen. Todo el lateral de la Primera Punta, frente al Real, quedó en dique seco, y los chiquillos se entretenían con los cangrejos en los pequeños charcos que se formaban entre las piedras.

Acudí con mis nietos Adrián y Manu con la esperanza de reencontrarme con un corral de piedras de unos ciento cincuenta metros de largo, desde Rajamanta hasta el Faro Antiguo, que había emergido hace treinta años con ocasión de otra gran bajamar. Reconozco que me llevé una decepción al comprobar que aquel corral, que me devolvía a tres décadas atrás, había desaparecido. Seguramente yacía enterrado bajo la arena de los tiempos.

El mar que une pueblos

Tras el infarto, mi capacidad física mermó considerablemente, hasta el punto de que la fatiga y el ahogo aparecían en cuanto aceleraba mínimamente el paso. Pese a esa limitación, no rechacé la excursión al Tajo que mis hijos y nietos organizaron un día de otoño de 2010.

El camino del Tajo discurre por una senda de arena salpicada de pinos, lentiscos, retamas y enebros, a lo largo de unos cuatro kilómetros desde el aparcamiento hasta los acantilados. Mi paso iba desajustado del ritmo del grupo a causa de mis continuas paradas para tomar aire, porque me faltaba el resuello. Sin embargo, en cada bocanada todavía podía sentir la fragancia a pino y a mar que ha impregnado siempre a mi pueblo y sus alrededores: una mezcla de resina y salitre, los vasodilatadores más eficaces y naturales que conozco.

Cuando llegamos a la Torre del Tajo, desde lo alto de los acantilados pude contemplar el Puerto de la Albufera, punto neurálgico y testigo del esplendor y del declive de Barbate en un periodo muy corto de su historia. Y al frente, la costa de Marruecos. De pronto me invadió un sentimiento de hermanamiento con ese pueblo cercano, pese a los conflictos del pasado y del presente, que en ese preciso instante quedaron diluidos en mi memoria.

Una boda a media luz en la Costa del Sol

El 30 de septiembre de 2011, mi señora, mi hija y yo fuimos a Fuengirola a la boda de la hija de una prima de mi mujer. Una vez más cogimos el coche de Comes, tan utilizado por todos los que no hemos tenido coche propio. Nos embarcamos en la barca de Vejer y, tras varias paradas, llegamos a Marbella, donde nos esperaban Manuel y José, primos de mi mujer, que nos llevaron hasta Fuengirola.

Nuestra intención era hospedarnos en una pensión, pero mi hijo José Mari nos convenció para quedarnos en la casa que tenía alquilada la tía de mi nuera Ana. El apartamento se encontraba en la calle La Unión, justo en la acera de Fuengirola, ya que la de enfrente pertenece a Mijas, y digo yo que por ese motivo le pusieron ese nombre. La calle estaba llena de comercios regentados por gentes de muchas nacionalidades, lo que le daba un ambiente muy particular.

Juani, la prima de mi mujer y madre de la novia, nos invitó a cenar en su casa, que era inmensa y con espacio suficiente para reunir a toda la familia. Desde la azotea se divisaban Fuengirola y Mijas, apreciándose el crecimiento urbanístico desmesurado que ha tenido la Costa del Sol. Aquella noche, el olor a barbacoa nos acompañó desde bien temprano y, poco antes de comenzar la fiesta, llegó Lourdes, la novia, que se emocionó al vernos y nos recibió entre besos y nervios.

A la mañana siguiente salimos temprano a desayunar a un bar cercano. Pedí cuatro churros y el camarero me advirtió de que quizá eran demasiados para una sola persona. No le di importancia hasta que comprobé su tamaño: con bastante esfuerzo me comí algo más de metro y medio de churros.

Mi mujer (d) y su tía Antonia (i) de pequeñas en un lugar no identificado de Barbate

El banquete de boda se celebró en un hotel cercano a Mijas, prácticamente a oscuras debido a un corte de luz provocado por la caída de una torreta. Un generador proporcionaba una iluminación mínima y, para ir a los baños, nos facilitaron velas. Entre la penumbra y la confusión, los camareros se equivocaban con las bebidas y el encargado del jamón se dejó los ojos en el corte, hasta que por fin llegaron los novios y con ellos un poco más de luz.

Al día siguiente volvimos a levantarnos temprano y, tras desayunar de nuevo en la misma cafetería, dimos un paseo hasta que Juani y su marido nos recogieron para llevarnos por El Boquetillo, una humilde barriada donde vivió durante años Antonia, la tía de mi mujer. A Josefa le produjo una gran alegría reconocer aquellos lugares ligados a su infancia y a su queridísima tía.

El almuerzo lo celebramos todos juntos en un chiringuito del puerto de Fuengirola. Pedimos paella para todos y el ambiente era ruidoso y animado, muy distinto al de los bares de playa de la costa de Cádiz. Regresamos a Barbate a media tarde, con la satisfacción de haberlo pasado muy bien. Juani, al saber que estaba recopilando las anécdotas de mi vida, me pidió que contara algo sobre la boda de su hija y yo, siempre dispuesto a hacer un favor a quien me lo pide, accedí.

La soledad de un pescador

Juanete era amigo mío y de mi cuñado Frasquito. Se dedicaba a pescar en su pequeño bote por la bahía de Barbate y Bolonia, y solía proveer de pulpos a mi cuñado.

Una mañana salió a pescar en compañía de otros pescadores, cada uno en su bote. Entre ellos se comunicaban por teléfono móvil y, cuando llegó la hora de regresar al puerto, Juanete no respondía a ninguna llamada. Decidieron entonces ir en su busca y, al avistar su bote desde lejos, se quedaron helados: el barco estaba fondeado con el rezón, el motor en funcionamiento, pero no había nadie a bordo.

De inmediato avisaron a las autoridades y a la familia. Una lancha de la Guardia Civil se presentó en la zona y comenzó el rastreo; poco después se unió otra de la Cruz Roja, junto con varios barcos y botes particulares. Un helicóptero estuvo peinando la costa durante el resto del día, pero el cuerpo de Juanete no apareció ni ese día ni el siguiente. Las fuertes corrientes del Estrecho pueden arrastrar cualquier cuerpo muchas millas mar adentro, y así fue: el cuerpo de Juanete apareció en las costas de Marruecos dos meses después.

Juanete era un pescador muy prudente y solía salir solo en los días buenos. Yo me cruzaba con él a menudo de camino a casa de mi hermano Manuel, y me decía:

—*Juan, hoy no se puede ir a la mar porque hace mucho viento.*

Sin embargo, en esta ocasión todo parece indicar que ni el viento ni la mar se aliaron para jugarle una mala pasada. Fue la soledad de un pescador en medio del mar abierto lo que contribuyó a que nadie supiera realmente qué le ocurrió a Juanete.

Nuestras bodas de oro

El 29 de diciembre de 2011, Josefa y yo cumplimos cincuenta años de matrimonio. No todo el mundo tiene la suerte de compartir medio siglo de vida con la persona que te ha acompañado desde la juventud. Aquella ocasión bien merecía una celebración, si no por todo lo alto, al menos con la familia más íntima.

Optamos por organizar una comida en la Venta Tarradellas, en Cantarranas. Nos reunimos el sábado 4 de febrero de 2012, y la organización corrió a cargo de mi cuñado Frasquito, ya que había visitado el lugar en varias ocasiones y conocía al propietario. La comida comenzó con los entremeses y continuó con la presentación del plato estrella: arroz con pollo de campo, ¿os resulta familiar? Dos inmensas cazuelas fueron suficientes para dar de comer a las veintidós personas allí reunidas. Yo me comí un plato a rebosar y, de segundo… ¡ta, ta, chán!: pollo en salsa con patatas fritas.

Por sorpresa, mis nietos aparecieron con una tarta coronada por cincuenta velas y, al soplar con tanta fuerza, sufrí un ligero mareo con pérdida momentánea de estabilidad. Menos mal que una silla situada detrás de mí amortiguó una probable caída. Todo mi campo visual se llenó de puntos luminosos, pero la ilusión más llamativa fue una con forma de ave, probablemente un ave del paraíso… en forma de pollo de Cantarranas.

Por si sirve de algo este anecdotario

En las postrimerías de mi vida hago balance de lo vivido y siempre encuentro la satisfacción y la felicidad en el seno de mi familia. Cuando miro hacia atrás y reflexiono sobre mi trabajo, llego a una conclusión muy simple: la fuerza y la entrega al trabajo han sido consecuencia directa de la entrega a mi familia. Puede que alguna vez me haya equivocado como padre o como marido, pero tengo muy claro que a mis hijos y a mi señora no les ha faltado nunca lo necesario. Todo lo he hecho para ellos y por ellos, y pocas cosas he reservado para mí.

Estoy satisfecho con la vida que me ha tocado vivir en este pueblo que aún conserva la esencia marinera en sus esquinas y en una parte importante de sus gentes. Hay momentos en los que, preso de la nostalgia de épocas pasadas, me cuesta asumir la transformación que sufre Barbate hacia un destino incierto y poco claro: ya no quedan saladeros en la lonja, son pocos los pesqueros activos y la afluencia comercial en el puerto es casi nula. Sin embargo, en el reducto de mi memoria todavía puedo oír el ruido inquebrantable de la caótica actividad portuaria, con el sonido de fondo, entremezclado, de las olas y los motores de los barcos.

Se acaban mis recuerdos, pero no estoy cansado, quiero agarrarlos y arrojarlos fuera de mí, todavía con el deseo de volver.

Este libro terminó de escribirse en agosto de 2012.

Nota a esta edición

Esta edición es una revisión del primer volumen autobiográfico del autor escrito en 2012, en el que ya quedaron recogidos sus recuerdos, vivencias y reflexiones. La presente edición no pretende añadir nuevos textos, sino ofrecer una lectura más ordenada y depurada de aquella obra inicial, manteniendo en todo momento la voz, el tono y la intención originales.

Como complemento, se incluyen algunas reproducciones de los escritos originales a puño y letra. Con ellas se pretende que el lector pueda apreciar no solo el contenido de los recuerdos, sino también el trabajo personal, la constancia y el valor humano de quien los escribió, dejando en cada trazo una parte de su memoria.

Anexos: manuscritos originales

1944 Fuimo cuatro a cenbrar garranso
ganavamos 3 pecta y mantenio hai
echamo una demana y una mañano
nos fuimo a travajar era levante y
ceranvio viento a lsur y enpeso a llover
y no teniamos a donde meterce havia
al cortijo no menos tres quilometro y
en lugar coger por la farda de la tierra
cogimo por la javerina ece agua ece viento
y ece fanco hai veniamo los 4 hay ve
niamos como en las plicula ye
gamo al cortijo y nosotros no teniamo
na mas quelopuesto nos quitamo la ropa
y los quedamos en carconsillo y anci
lo cecamo encendimo un fuego
aguer tenporal de ka... havia hundid
un barco de llene la plalla de pajare
mas de 400 tablone ne 5-6 metro esta
la plalla llena teraco came cageilla
estvertodo

1953

11

mefui Atravajar Enuna Cantera
Desde Enero hastaAbril Estava Cargando
Piedra Enuncoche Ganando Unduro
Porviage Teniaquebes Cargarlo ylargarlo
hanciestuve 20 dia Entonce mefui A
machcar Piedra Paralos Bloques Del Pu
ertolloganava 5 duro hanci melleve
Cuatro Mece
Enece Mismo haño Estuve travajando
En una fabrica de Salason Lafabrica hera
De Anicelo Ramire heiel Rei deoro
Memeti Enunapila Quetenia 200 caja
Desardina llono mehavia metio nunca
Enunapila tanGrande Con mun Bonbillo
que tedava una Para que La Sardina Se
vinieran Pamiva y Conlasmano llo
tenia los Braso lleeno de Roncha yhavia
quelevantarce Porlamadruga Para Prensar
Lasardina y despues havia que Cargar
LosCamiones hece fue elurtimo Año
quetravajo Las harengue Despues tenia
mo queliñ Piarlastila y todas

18

Delas criatura que hivan Alas Doce
Delanoche Porgue Eso Digno de Ver
havia Enar quetienpo Esta Earatina
Enla Otraven la Del Rio Era sal
Era Para el Consorcio Un dia trucieron
Una Levanta llales A tune Erar los
mis mo Cogiero Ocedia 2000 Atune
lla Esos A tunes Erar Para Salasto
y Para Acer Mojama lla ela tun
Devreve no estigual quel de derecho
Cauela tun Dederecho y va Para
El es trangero y los A tunes de Reve
Las Parpatana queera Dela Parte De
Cavesa Muchicimas Persona Cogian
muchicima Porque el Consorcio
nopodia Erabajar Eanticimos Atune
loo A tune Decogian Enasquellos
tienpo Cecogian Apriupio de Mallo
hasta mediado De Tunio lla dehai
Ena delante los Atunes De Reve
Durava Desde Media De Tunio
Asta ustimo De Tulio

Índice

Agradecimientos..7

Mar, viento, pinar y arena 9

Notas del autor 15

Barbate, entre oleajes de un mar de pinos 19

Los campamentos militares 24

Una infancia descalza a orillas del mar......................27

Lo que la vista alcanza desde el Faro Antiguo 31

Experiencias de un náufrago.......................................33

Me puse morado en el Soto y vi camellos en el Botero.......34

La vida en la Breña y los peligros escondidos 36

De la playa al Oeste sin pasar por cazuela 41

Como niño con zapatos nuevos...................................42

Entre cal y cantos 45

La Virgen del Rosario no quiere ser marinera............48

Mi afición a la fiesta de los toros 49

Un tartamudeo muy oportuno 50

Que no falte la animación ni la fiesta 53

Picar piedras o morder el anzuelo de una caballa...............55

El colectivo de lavadores...58

Los años mozos de la Lonja Vieja 60

Del atún no quedan ni las migajas. 66

El matarife del saladero 67

Un año de película 69

No solo de pan vive el hombre 72

Prendado de una estibadora.................................74

Mi mujer, estibadora de primera.........................78

El desafortunado desencuentro en alpargatas 79

Madera, papel, nieve y pescado: ¡la caja de pescado! 82

Con hambre y sin derechos laborales....................84

La jarampa: otras maneras de ganar un dinero 86

Esa muela tiene un precio 89

¿Pollo o conejo? 90

¿Te vienes a los toros?...92

El Joven Alonso quiso ser un pájaro 93

La cara y la cruz de la pesca.................................95

Luna de miel rebajada con agua 96

El tocino del cachalote 100

Leíto adelantó la primavera 102

Las averías de los camiones hicieron historia 104

Mis hermanos Manuel e Isabel convalecientes 105

La compañía Tromoro 108

Un zoológico reducido en casa de mi hijo Manuel 112

El tesoro escondido de mi hijo José Mari 113

Las sardinas de Agadir o la gallina de los huevos de oro ..114

Lo mismo vale para un roto que para un descosido..........116

Acostumbrados a los desacuerdos y apresamientos 117

La emigración de barbateños y la pesquería gaditana......119

Un oasis en medio del desierto...120

Empresarios tocados por la mala suerte.............................123

Un grillo en el melón del cortinal.....................................124

La caña mágica del Empalmao...125

Ramón Lara puede presumir de multas.............................129

La pulla de un pargo 131

Los futbolistas al balón y los lavadores a sus caballas........133

Los anzuelos de la suerte...134

Los lavadores se integraron en La Colla 135

El sordomudo que contaba historias 136

La Sonrisa del Régimen pescaba en Barbate.....................137

Los rincones perdidos de Conil y Roche 138

La Sardinada, fiesta del atracón.......................................141

La edad dorada de El Mataviejos......................................144

Las ampollas de la Yerbabuena 145

La etapa de las marrajeras 147

Los caracoleros aficionados 150

Sigan hablando de Paquirri como si tal cosa.....................152

La desintegración de la OTP 153

El salvavidas de la jubilación 155

Mi etapa en el bar de Frasquito.......................................157

Las Maravillas del Saber mantienen mi cabeza activa......158

Jarillo, un lugar de ensueño.............................160

La máquina cardíaca necesita un engrase......................161

Bajo la arena de los tiempos.............................163

El mar que une pueblos.............................164

Una boda a media luz en la Costa del Sol 166

La soledad de un pescador 168

Nuestras bodas de oro 170

Por si sirve de algo este anecdotario 171

Nota a esta edición 174

Anexos: manuscritos originales 175

Índice.............................179